U0150406

家常主食

本味家常菜黄金搭档

圆猪猪 /Candey/ 鑫雨霏霏 / 蝶儿 / 联合编著

青岛出版社
QINGDAO PUBLISHING HOUSE

图书在版编目（CIP）数据

　　家常主食 : 本味家常菜黄金搭档 / 圆猪猪等编著.
— 青岛 : 青岛出版社, 2020.6
　　ISBN 978-7-5552-9216-6

　　Ⅰ.①家… Ⅱ.①圆… Ⅲ.①主食—食谱 Ⅳ.
①TS972.13

　　中国版本图书馆CIP数据核字(2020)第095926号

书　　　　名	家常主食：本味家常菜黄金搭档	
编　　　著	圆猪猪　Candey　鑫雨霏霏　蝶儿	
绘　　　图	一树	
出 版 发 行	青岛出版社	
社　　　址	青岛市海尔路182号（266061）	
本 社 网 址	http://www.qdpub.com	
邮 购 电 话	13335059110　0532-68068026	
策　　　划	周鸿嫒	
责 任 编 辑	俞倩茹	
封 面 设 计	杨希泉	
版 式 设 计	丁文娟	
排　　　版	杨晓雯　叶德永	
印　　　刷	青岛嘉宝印刷包装有限公司	
出 版 日 期	2020年6月第1版　2020年6月第1次印刷	
开　　　本	16开（889mm×1194mm）	
印　　　张	18.25	
字　　　数	150千	
图　　　数	1000幅	
书　　　号	ISBN 978-7-5552-9216-6	
定　　　价	39.00元	

编校印装质量、盗版监督服务电话：4006532017　0532-68068638

上架建议：生活/美食类

前言

有人说，幸福是一碗汤的距离。这种感觉从不言说，却与日俱增。

然而，急匆匆赶路的我们，常常无暇顾及身边的风景，常常忽略身边令人感动的细节。

杂乱纷扰的世界里，你幸福吗？

其实，幸福的真正感觉并不在于你烹饪的技术是多么娴熟，汤煲的滋味是多么醇厚，而在于你在做饭时对家人的那份关爱，那份融入于美食中的浓浓的心情。你为家人烹制营养美食，既是家人的幸福，也是自己的幸福。

本书在内容上注重健康实用，版式上追求时尚大方，图片上要求精益求精，表达上倾向分步详解，化繁为简，相信能带给您耳目一新的感受，帮您快速上手，缩短与幸福的距离。

本书分为基础知识和特色主食两个大篇章。基础知识部分介绍了主要主食的类别和制作主食的基本流程。掌握了基本流程，您就可以随心所欲、有所创新地制作专属于自己的主食了。特色主食部分包含特色主食榜、米类主食、面类主食、零食点心四大板块。主食和点心中又包含米饭、粥、粽子、汤圆、米糕、馒头、花卷、包子、饼、发糕、饺子、馄饨、面条、面包、蛋糕、比萨、零食点心17个小门类，有100余道营养美味、不同种类的主食及西点零食供您选择。您可以变着花样将各种主食搬上餐桌，让全家人吃得健康、吃得满意。

最后，我们想说的是，能给每一位翻阅此书的读者带来幸福，也是我们做书人的幸福！

编　者

2020年6月

壹

做主食没那么难

贰

东西南北主食榜

米类主食

肆

面类主食

伍

西点零食

做主食没那么难

一

壹

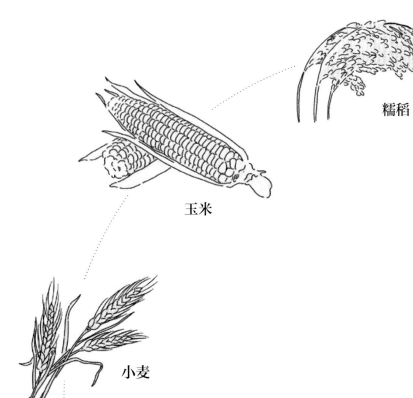

糯稻

玉米

小麦

一 主食图鉴

中国人的主食历来以米和面为主，主要来源包括麦类、豆类、粗粮类和稻谷类等，统称为"粮食"。粮食中所含营养成分丰富，主要为碳水化合物、淀粉、蛋白质、维生素、膳食纤维等。

中国南方人一般以大米为主要的主食，而北方人更喜欢小麦。有些地方也将薯类作为其主食的一部分。

产量最多的

麦类

小麦
青稞
大麦
黑麦
燕麦
……

小麦
三大谷物之一，磨成粉后就是白面粉。

青稞
藏族地区的主要粮食作物，可作为主食或用来酿酒。

大麦
可以做麦片、煮粥，大麦芽可用来酿啤酒。

快乐的

豆类

大豆
红豆
绿豆
……

大豆
也叫黄豆，可以煮粥、榨油等。

红豆
可以煮粥、做红豆沙等。

绿豆
可以煮粥、汤等。

籼稻

稻的一种，籽粒细长，种子脱壳后叫籼米。

粳稻

稻的一种，籽粒粗短，呈椭圆形或卵圆形，种子脱壳后叫粳米。

糯稻

稻的一种，种子脱壳后叫糯米，可煮粥、做粽子。

沉甸甸的

粳稻
籼稻
糯稻
⋯⋯

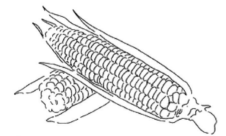

玉米

也叫苞米，是最常见的粗粮之一。

不可缺少的

粗粮类

玉米
高粱
荞麦
谷子（小米）
糜子（大黄米）
⋯⋯

荞麦

也叫乌麦、三角麦等，磨成粉后可用来做面食。

高粱

我国传统的五谷之一，可用来煮饭、酿酒等。

做主食没那么难

五谷磨成的

粉类

高筋面粉
中筋面粉
低筋面粉
糯米粉
……

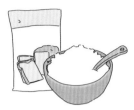

高筋面粉

蛋白质含量为12.5%~13.5%，常用来做面包、烙饼等。

中筋面粉

就是普通面粉，蛋白质含量为8.5%~12.5%，一般家里用来蒸馒头、做面条等。

低筋面粉

蛋白质含量在8.5%以下，面筋含量较低，常用来做蛋糕。

我国各地的

主食

广东虾饺
天津狗不理包子
上海南翔小笼包
水煎包
安徽合肥烘糕
辽宁海城馅饼
山东济南油旋
……

我们中国是一个美食大国，各地都有自己独特的主食，天津狗不理包子、上海南翔小笼包、山东济南油旋……我可以这样一直不停地说下去呢！

广东虾饺

虾饺色泽洁白晶莹，饺子形态美观，坯皮口感柔韧，馅心鲜美可口。

天津狗不理包子

选料精细，褶花匀称，外形美观，鲜而不腻，清香适口，是世界闻名的中华美食之一。

水煎包

上海南翔小笼包

水煎包

特色传统风味小吃，口感脆而不硬，香而不腻，味道鲜美。

上海南翔小笼包

上海南翔小笼包又叫南翔小笼馒头，源自上海嘉定区南翔镇。该品素以皮薄、馅多、卤重、味鲜而闻名，是深受国内外食客喜爱的传统风味小吃之一。

安徽合肥烘糕

金黄油润，疏松多孔，香酥可口，味美甘甜，具有润肺消喘的功效。

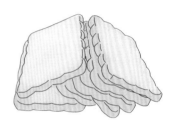

安徽合肥烘糕

辽宁海城馅饼

以其外皮薄、酥，内馅种类多，口感鲜香而著称。

山东济南油旋

山东济南特色传统名吃，外皮酥脆，内瓤柔嫩，葱香透鼻，其形似螺旋，表面油润且呈金黄色。

山东济南油旋

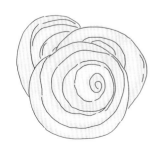

辽宁海城馅饼

浙江嘉兴香粽

河南烩面

河南烩面

"中国十大面条"之一，河南三大小吃之一。它是一种荤、素、汤、饭兼而有之的传统风味小吃，汤好、面筋道、营养高、味道鲜美。

浙江嘉兴香粽

浙江嘉兴特色传统名点，以糯而不糊、肥而不腻、香糯可口、咸甜适中而著称。

广西桂林米粉

广西桂林地区的特色传统名小吃。

陕西岐山臊子面

陕西省特色传统面食、著名西府小吃（臊子就是肉丁的意思）。

江苏南京鸭血粉丝汤

南京自古喜食鸭馔，盛行以鸭制肴，有"金陵鸭肴甲天下"之美誉。该品以其口味平和，鲜香爽滑，以及南北皆宜的口味特色风靡于全国。

广西桂林米粉

江苏南京鸭血粉丝汤

陕西岐山臊子面

吉林长春冷面

山西花馍

吉林长春冷面
中国东北地区著名小吃。

山西花馍
中国民间面塑品。闻喜花馍有"花糕""花馍""吉祥物""盘顶"四大系列，2008 年被列为国家级非物质文化遗产。

武汉热干面
"中国十大面条"之一，也是湖北武汉最出名的小吃之一。

武汉热干面

河北驴肉火烧
卤好的驴肉伴着老汤汁加入酥脆的火烧里，肉香而不柴，香味绵长，酥软适口。

新疆烤馕
新疆维吾尔族饮食文化中别具特色的一种食品。馕是用馕坑烤制而成的，呈圆形。

甘肃兰州拉面
"中国十大面条"之一，其"汤镜者清，肉烂者香，面细者精"。

河北驴肉火烧

甘肃兰州拉面

新疆烤馕

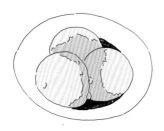

四川三大炮

云南过桥米线

重庆酸辣粉

贵州洋芋粑粑

三大炮

三大炮主要由糯米制成。由于在抛扔糯米团时，糯米团如"弹丸"一样，发出三次声如"铁炮""火炮""枪炮"的响声，因此称其为"三大炮"。

云南过桥米线

云南滇南地区的特色小吃，米线有大米的清香味，爽口滑嫩，鹅油封面，汤汁滚烫，但不冒热气。

重庆酸辣粉

粉丝筋道弹牙，口味麻辣酸爽，浓香开胃，是深受全国人民喜爱的重庆地方小吃。

贵州洋芋粑粑

吃起来外焦里嫩，香脆可口！其馅多为肉末，在品尝新鲜肉质的同时，还不失洋芋的清香甜味。

在中国，点心是糕点类食品的总称。相传东晋时期一位将军看到战士们血战沙场甚为感动，便传令制作民间糕点送往前线，慰劳将士，以表"点点心意"。此后，"点心"的名字便传开并沿用至今。

点心，意思是正餐之前的充饥小食。中国传统点心中最常见的是"八大件"和"八小件"。

和西方的烘焙相比，中式点心更注重造型，主要有几何形、象形和自然形等。通过点心师的创作，它们色彩丰富，造型逼真。

下面我们来看一下中式点心吧！

中式

马蹄糕
麻团
月饼
……

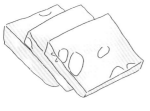

马蹄糕

麻团

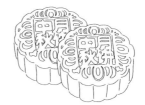

月饼

京八件

京式糕点历史悠久，品类繁多，滋味各异，特点是重油、轻糖、酥松、绵软，代表品种有京八件、红月饼、白月饼等。其中京八件又有大八件、小八件和细八件之分，其口感突出，寓意美好，是馈赠友人之佳品。

喜　吉

寿　福　祥　禄

贵　富

各国

寿司（日本）
意面（意大利）
汉堡（美国）
克拉克派（英国）
……

浪漫奢华的欧式佳肴，具有悠久传统的亚洲美食，包罗万象的多元化美洲大餐，充满野性的非洲味道，自然馈赠的大洋洲美味……你品尝过这些异国美食吗？

西餐大致可分为法式、英式、意式、俄式、美式等几种。不同国家的人有着不同的饮食习惯，有种说法非常形象，说"法国人是夸奖着厨师的技艺吃，英国人注意着礼节吃，德国人考虑着营养吃，意大利人痛痛快快地吃……"

寿司（日本）

意面（意大利）

汉堡（美国）

克拉克派（英国）

布雷茨

巧克力炭烧面包

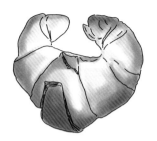

牛角面包

咖啡蛋糕

菠萝包

甜甜圈

泡芙

葡式蛋挞

 西式

布雷茨
巧克力炭烧面包
牛角面包
咖啡蛋糕
菠萝包
甜甜圈
泡芙
葡式蛋挞
……

做主食没那么难

二 做主食没那么难

教你调制面团

调制面团包括和面、揉面、醒面三个过程。和面就是将各种粉类与适量的水、油、蛋、奶或膨松剂等掺合在一起，和成一个整体的面团（有些需调成稀软团块或浆糊状面糊）。揉面就是将和好的整体面团进一步加工成适合制作需要的面团。醒面就是将和好的面团加盖后静置一段时间，使面筋松弛，软硬均匀，液体与粉类充分地结合。

1. 将液体材料缓缓加入粉类材料中。
2. 边加边用筷子搅拌，直至粉类材料呈雪花状的小面疙瘩。
3. 用手将面疙瘩揉成均匀的面团。
4. 根据面团种类，加盖或者蒙上拧干的湿布醒数分钟，再次将面团揉匀即可。

小提醒

➠膨松面团如果用酵母做膨松剂，要先将酵母（干酵母或鲜酵母均可）溶于水中，制成酵母水，再加入面粉中和面。

➠和面讲究"三光"，即"盆光、手光、面光"，也就是和好面以后面盆和双手不能粘很多的面，要尽量做到手和盆干净，面团光滑均匀。要做到这些其实并不难，和面的时候边用筷子搅拌面粉边加水，及时把粘在盆边和盆底的面刮下来。

➠刚揉好的面团表面不光滑，要盖湿布松弛10分钟，再次揉匀，这时的面团就变得很光滑了。

➠用酵母做膨松剂的膨松面团通常要醒发2~3小时，冷水面团、烫面面团通常要醒发12~20分钟，具体时间根据环境温度而定。最佳的发酵温度为30℃。

教你调制馅料

包子、饺子、馅饼、烧卖、菜盒子等主要是通过馅料的变化而形成不同的风味。馅料用料广泛、制法多样。按口味划分，可分成咸馅和甜馅两大类。

咸馅调制步骤

选料　>>　初加工　>>　刀工处理　>>　加调料　>>　拌制成馅

1. 选择质量精良的原材料，它们决定了馅料的质量。
2. 肉料要去除筋膜；菜料要择洗干净，控干或挤干水分。
3. 原材料加工要细，剁成丁、粒、末、蓉、泥等。
4. 加入各种调料调味，可调成咸鲜味、香辣味、家常味等。
5. 将馅料顺着一个方向搅打拌制均匀，不要反向搅打。

甜馅调制步骤

主辅料加工 >> 称料混合 >> 拌制成馅

苹果葡萄干馅

1. 各种果仁的熟制可采用油炸、烤制或煮制的方法。油炸时用油要洁净，油温在二三成热为宜，不可过高，以免炸煳；烤制时要控制好烤箱温度，以烤至金黄焦脆为佳；煮制时应小火慢慢熬制，直至馅料变得黏稠。

2. 个头较大的果仁如核桃、花生等，需事先用刀铡成碎粒。要用刀慢切，千万不可用剁的刀法，以免四处飞溅，造成浪费。

3. 白糖最好磨细成糖粉，然后再入馅为佳。

4. 各种原料，特别是糖、油的用量，可根据具体品种而增减，如果所用原料含糖分大，可少加些糖；反之，则多加糖。馅料中如加有猪板油，则其他油脂要少加。

5. 各种原料放在一起，应先拌和均匀，再揉搓成软硬度和黏度适中的团，即成。

教你整形面团

面团整形，就是用调制好的面团，按照制品的具体要求，运用各种方法做成外形多样的半成品或成品。从总的工艺程序来讲，可分为搓条、下剂、制皮和成形 4 大步骤。

就是将调制好的面团搓成圆形长条，以便于下剂。搓时先取一块面团，捏、拉成条形放在面板上，用双手掌根压在条上，来回推搓，使其向两端延伸，成为粗细均匀、光洁的圆形长条。此外，还有一种卷制的剂条，即先将面团擀成矩形薄片，然后卷紧成长条。无论搓条或卷条，条的粗细都必须根据成品的分量和下剂的要求而定。

即将搓好的长条下成小型面剂（即剂子），常用的下剂方法主要有以下三种。

揪剂

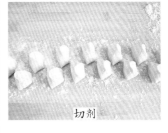
切剂

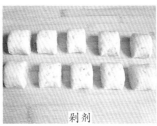
剁剂

揪剂 是下剂的主要操作方法，适用范围最广。其手法是：左手握住剂条，使剂条从虎口处露出合适大小的剂子，右手的大拇指、食指和中指靠紧左手虎口处，顺势往下一揪即可。每揪下一个剂子，左手要趁势将剂条顶出一段，并转动一下，以保持剂条圆整。

切剂 用刀将剂条顶刀切成适当大小的剂子。

剁剂 将搓圆的剂条放在案板上整理好，用刀剁成剂子，这种方法与切剂相似，速度比较快，但要求操作者要非常娴熟。

制皮

就是将下好的剂子制成皮，以便包馅成形。由于各制品的要求不同，制皮的方法也有差别。

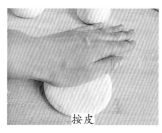

按皮

捏皮

摊皮

按皮 将下好的剂子立放在案板上，用手掌根部按成中间稍厚边沿稍薄的圆形皮。适用于制作糖包、菜包、馅饼等。

捏皮 先把剂子按扁，再用手指捏成圆窝形即可。适用于制作粉团、汤圆之类的品种。

摊皮 是一种特殊的制皮方法，主要用于制作春卷皮、蛋饺子等。例如：蛋饺皮就是将饭勺烧热，放入少许油，倒入蛋液，转动勺使蛋液铺匀勺底，凝固即可。摊好的皮要形状圆整，厚薄均匀，大小一致。

 >>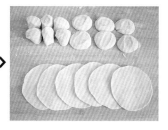

擀皮 是当前最普遍的制皮法，主要用于制作水饺皮、蒸饺皮、汤包皮等。先将剂子按扁，一手捏住边沿，一手擀制，擀一下，就要剂皮顺一个方向转动一个角度，直至大小适当、中间厚四周略薄、外形呈圆形即可。

成形

我国面点的具体成形方法很多，且各地叫法不统一，大致有：揉、包、捏、卷、搓、抻、切、削、拨、叠、摊、擀、按、钳花、模压、滚粘、镶嵌、挤等。下面举例几种比较常见的成形方法。

揉

包

捏

卷

揉 揉是比较简单的成形方法，一般只用于制作馒头。

包 包括大包、馅饼、馄饨、烧卖、春卷、粽子、汤圆等，都采用包的成形方式。

捏 捏是在包的基础上进行的一种综合性的成形法，需要借助其他工具或动作配合。

卷 卷是面点成形的重要方法，它是以卷的手法为主，配以其他动作和手法的一种综合成形方法。

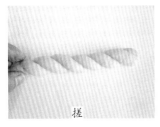

搓

抻

搓 搓主要用于麻花类制品的成形。先将醒好的剂条用双掌搓成粗细均匀的长条，再用双手按住两头，一手往后，一手往前搓上劲，然后将长条对折，再顺劲搓紧即可。

抻 抻的成形法主要用于面条，制品形状比较简单，但技术难度较大。将和好醒透的面团再揉至上劲有韧性，搓成粗条，反复抻抖，把面抻出韧性、抻匀。面团放在案上，用两手按住两头对搓，上劲后，两手拿住两头一抻，甩在案上，抖一下，对折成双股，一手食指、中指、无名指夹住条的两个头，另一手拇指、中指抓住对折处成为另一头，然后向外一翻，一抻一抖，将条抻长，反复抖匀，直到面条达到要求即可。

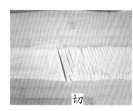   

切　　钳花　　模压　　滚粘

切　切的成形法，主要用于制作面条。分为手工切面和机器切面两种。

钳花　使用花钳等工具，在制好的半成品或成品上钳花，制作出美观多样的面点制品。

模压　即利用模具来成形。模具可以是金属的、木制的、塑料的、硅胶的，品种繁多。此方法常用于月饼、巧果、点心等品种的制作。

滚粘　主料放入配料中，把配料滚粘在表面，搓圆、按扁或用模具成形。例如：打糕、摇沙汤圆等。

教你制熟面点

1. 蒸的时候要先铺打湿的屉布或者玉米皮、荷叶、粽子叶，或者篦子上刷一层油后再放入生坯，这样可以防粘。
2. 蒸发酵制品的时候，如果使用不锈钢蒸锅，最好凉水上锅，大火烧开上汽后转中小火蒸，蒸的时间要根据面点制品的大小和类别适当调整。
3. 关火后最好等 3 分钟再开盖，这样不容易回缩。

适用类型　馒头、花卷、包子等。

成功标准　成品内部组织细腻，暄软有弹性。

失败案例

失败案例一： 打开锅盖太快的结果。馒头蒸好若立即打开锅盖，会导致馒头顶部出现塌陷。
解决方案： 关火3分钟以后再开盖。

失败案例二： 炉火过大的结果。蒸馒头时火候过大，水蒸气变成的水滴在未发起的馒头上，会将局部烫熟。
解决方案： 开锅后立刻改小火蒸制。

失败案例三： 炉火过大与打开锅盖太快导致。A处是被蒸汽形成的水滴烫熟的。B处是关火后立即开盖，被空气压扁的。
解决方案： 用小火蒸制，蒸好后关火3分钟以后再开盖。

煎制法用油量比炸制要少，通常是用平底锅来操作。煎时用油量的多少，根据制品的不同要求而定，一般在锅底薄薄铺一层为宜。有的品种需油量较多，但以不超过制品厚度的一半为宜。

煎法多用于馅饼、锅贴、煎包、煎饺等主食，分为油煎和水油煎两种。

油煎法 把平底锅烧热后放油（均匀布满整个锅底），再把生坯摆入，先煎一面，煎到一定程度后翻面再煎另一面，煎至两面都呈金黄色、熟透即可。油煎法不盖锅盖。

水油煎法 锅上火后，只在锅底抹少许油，烧热后将生坯从锅的外围整齐地码向中间，中火稍煎片刻，然后洒上几次清水（或加入混合了面粉或淀粉的水）。每洒一次就盖紧锅盖，使水变成蒸汽，将生坯焖熟。

烙就是把成形的生坯摆放在平底锅中，架在炉火上，通过金属传热将生坯制熟。烙制法适用于水调面团、发酵面团、米粉面团、粉浆面团等制品。烙的方法，可分为干烙、刷油烙和加水烙3种。

干烙　既不刷油也不洒水，直接将生坯放入烧热的平底锅内烙熟即可。

刷油烙　刷油烙的方法和要点均与干烙相同，只是在烙的过程中，先要在锅底刷少许油（数量比油煎法少），每翻动一次就刷一次；或在生坯表面刷少许油，也是翻动一面刷一次。

加水烙　加水烙是利用锅底和蒸汽联合传热的熟制法，做法和水油煎法相似。但水油煎法是在油煎后洒水焖熟，加水烙法则是在干烙以后洒水焖熟。加水烙在洒水前的做法和干烙完全一样，但只烙一面，即把一面烙成焦黄色即可。

小提醒

➠煎或者烙的时候，要等锅烧热再放油，油温五成热左右时放入生坯，中小火烙或煎制，并且要经常转动或翻面，以保证上色均匀。

煮面条　煮面条的时候要等锅内水开后再放面，轻轻用筷子挑开防止粘连，鲜面条煮至浮起后再煮1~2分钟，挂面要再煮1~3分钟（视面条的粗细、宽窄而定），意大利面煮开后要加盖煮7~10分钟。

煮汤圆　汤圆要开水下锅煮，并且用汤勺轻推，防止粘底，待汤圆浮起后再煮1~2分钟即可。汤圆还可以用蒸、炸的方法制熟。

煮饺子　锅内烧开水，把饺子下入锅内，30秒以后用漏勺轻轻沿锅边推动饺子，直到所有的饺子浮起、饺子内充满气体的时候就可以捞出装盘了。注意：饺子下到锅内，一定不能马上搅动，等饺子皮定型后再轻轻搅动，煮出的饺子就很完整。

炸

炸是用油传热的熟制方法，它的成熟原理与煮制法相同。炸制法的适用范围比较广泛，几乎各类面团制品都可炸制，主要用于油酥面团、矾碱盐面团、米粉面团等制品。

烤

烤是利用各种烤箱或烤炉把制品加热烤熟。目前使用的烤炉式样较多，如电动旋转炉、红外线辐射炉、微波炉等。烤制法主要用于各种膨松面团、油酥面团等制品。

三 这些厨房神器不能少

小家电

❶ 空气炸锅：是近两年来刚兴起的新式厨具，工作原理类似于一台高速热风循环的小烤箱，无油或少油烹饪即可达到煎炸的效果，受热较快，操作环境干净，清洗也相对方便，故而在使用上比烤箱更具便利性。我们可以用它来做美味的炸薯条、炸鸡翅、香脆肉排等，享受煎炸的口感，油脂的摄入量却比传统油炸降低高达80%。但空气炸锅并非家庭必需品，而且容量有限，如果家里有特别喜欢油炸食品的小朋友，妈妈又喜欢厨具，爱折腾美食的话，这倒是个不错的"大玩具"。

❷ 电饭煲：用来煮米饭、做焖饭、煲仔饭等，非常方便，功能较单一，价格也相对便宜，但实用性很强。当然，可以做米饭的还有电饭锅，以及电压力锅等。我个人比较喜欢这个电饭煲，它做的米饭比用电饭锅做的米饭软糯，比用电压锅做的米饭有弹性，而且，比电压锅方便之处在于，它可以中途打开加料，更适合用来做菜饭。

❸ 搅拌机：选择大品牌，电机质量会有保证，一般基本款就具备搅拌、粉碎、干磨，甚至碎肉的功能，是厨房里很实用的一个小助手。

❹ 电饼铛：买一款功能最少、最便宜的电饼铛，平时烙个馅饼，烤个肉，还是很方便的，而且用它烙馅饼，形状比较好看，因为不需要翻面。

制作小工具

擀面杖：长短粗细可根据自己的需要购买：❶ 较长较粗，适合擀制大分量手擀面和各种面皮；❷ 细长，适合小分量的擀面；❸ 是排气棒，通过擀压面团达到较好的排气效果，制作吐司时用得较多；❹ 是最常见的擀杖，用来擀包子皮、饺子皮等。

❺ 量匙：量匙是很重要的计量工具，一套量匙包含四个，由小到大分别是 1/4 茶匙、1/2 茶匙、1 茶匙（5 毫升）和 1 汤匙（15 毫升）。

❻ 手动搅拌器（蛋抽）：在超市里就可以买到，除了打鸡蛋的原始用途，在很多情况下用它都会事半功倍。例如：混合液体材料，混匀多种粉类材料，搅拌着煮浓汤等。

❼ 电子秤：可以精确称量所需原料的量，尤其对于新手，最好配备电子秤，避免因为"大约""估计"等不确定因素输在制作的起跑线上。电子秤分不同的精确度，有精确到 1 克的，还有精确到 0.1 克的，后者更适合用来称量酵母、泡打粉、小苏打等小分量原料。

可以网购，几十块钱即可买到。

❽ 刮板：刮板是软质的，可以用来和面，它的弧形面可以很好地刮净盆壁，而且不粘性好，特别适合湿面团。

❾ 刮刀：也叫切面刀，可以用来切割面团，尤其在用来清理案板或桌面时非常好用，可以快速清理掉台面上的残留。

小提示

称量时以平匙为准（量取时，要将上表面刮平）。

常用原料换算参考：

糖 1 茶匙 ≈ 5 克

盐 1/2 茶匙 ≈ 2 克

酵母 1 茶匙 ≈ 3 克

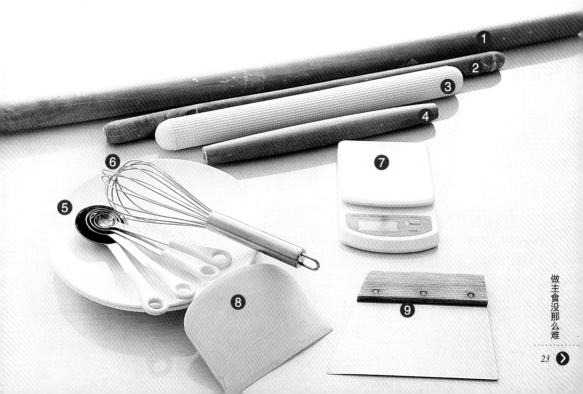

做主食没那么难

其他辅助工具

❶ 华夫模： 本是用来做西式华夫饼的模子，本着一模多用的原则，它同样可以用来制作各种中式小面点。

❷ 蛋卷模： 可以做小朋友们都很喜欢的酥脆蛋卷。它们都采用不粘材质，受热又快，所以操作起来非常方便快捷。

这些小模具都可以通过网购买到，国产的较便宜，毕竟不是常用的模具，没必要买那种昂贵的进口模具。

❸ 木制面点模： 胶东特产的面食工具，由果木雕刻而成，它木质细腻，内部图案纹理清晰，因其小巧、可爱、花样丰富、制作出来的面食表面会有浮雕效果，颇受孩子喜欢。可以通过网购买到。

❹ 蛋挞模： 也是一模多用，可以用来做很多小面点，如各种发糕、花样酥皮点心、小比萨等。

❺ 脱底圆模： 本是做蛋糕的模具，也可以一模多用，作为蒸发糕的盛器。

❻ 烤箱： 除了烤蛋糕、面包，很多中式面点也会用到烤箱，如酥皮点心、烤饼之类。普通家用的话，一台 25 升及以上容量的烤箱就足够使用，包括烤大蛋糕、大吐司都够用，而且价格便宜，性价比相对较高。

❼ 面包机： 除了做面包，面包机还是一个很好的揉面工具！特别是一些偏湿软，或者需要一定面筋强度的面团。书中除了介绍手揉的方法，也介绍了机器揉面的方法。

东西南北主食榜

一

贰

武汉热干面

重庆酸辣粉

云南过桥米线

新疆手抓饭

📋 原料

羊腿肉 150克
胡萝卜、土豆 各50克
洋葱 30克
熟米饭 2碗

🍶 调料

盐、白胡椒粉 各1/3茶匙
鸡精 1/2茶匙
香葱 5克
色拉油 1汤匙
水 3汤匙

🍲 准备工作

1.羊腿肉切块；
2.胡萝卜、土豆、洋葱分别
去皮，洗净，切丁；
3.香葱切碎。

🍴 做法

1. 锅入油烧热，放入羊肉块煸炒至变色。
2. 放入胡萝卜丁、土豆丁、洋葱丁。
3. 小火不停翻炒至原料熟透。
4. 放入米饭，翻炒均匀。
5. 锅内倒入3汤匙清水，调入盐、白胡椒粉、鸡精。
6. 炒至水分收干，撒上香葱碎即可出锅。

🎲 制作关键

◎ 不喜欢吃羊肉的可以用猪肉
或牛肉代替。胡萝卜、土豆切丁
的时候尽量切小块，这样成熟
较快。

◎ 米饭不要煮得太软，炒饭时
不用加太多水以免米饭太湿软，
影响口感。

京味鸡肉卷

📄 饼皮原料

中筋面粉 70克
土豆淀粉 30克
温水 50克

📄 肉卷馅料

鸡腿 2个
胡萝卜 100克
黄瓜 200克
京葱白 1段
嫩生菜 5棵

🫙 肉卷调料

料酒、生抽 各1汤匙
甜面酱 2汤匙
蜂蜜、植物油 各1茶匙

🦋 制作关键

◎ 和饼皮时加入土豆淀粉，是为了让饼不开裂，不变硬，变得柔软，也可以用玉米淀粉代替。

◎ 饼可以做得大一些，这样卷菜的时候比较好卷，可以从中间对折起来。

◎ 没有鸡肉的话，可以用猪肉代替。

◎ 这道菜里的蔬菜都是生着吃的，切的时候一定要用水果切板和水果刀，不要用切过生肉类的菜板和刀切。

🍴 做法

  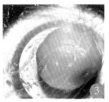

1. 鸡腿去骨取肉，用料酒、生抽腌制20分钟。
2. 腌鸡的时候将中筋面粉、土豆淀粉放入盆中，加入温水混合均匀，用筷子搅拌成雪花状。
3. 将面粉和成光滑的面团，盖上保鲜膜醒发20分钟。

4. 将面团搓成长条，切段，将面段用手按成饼形，再用擀面杖擀成圆饼。
5. 平底锅烧热，放入擀好的饼皮。
6. 中火烙至饼面起泡时，翻面再烙至表面起微黄色的小泡，取出。

7. 烙好的饼皮很柔软，用手捏一下再放开，也不会开裂。依次烙好面饼。
8. 锅入油烧热，放入腌好的鸡肉中火煎至表面呈金黄色，取出放凉，切大块。
9. 胡萝卜去皮，洗净，切丝；黄瓜切条；京葱白切丝；生菜洗净。

10. 将甜面酱放入碗中，倒入蜂蜜，再入锅蒸2分钟，取出备用。
11. 饼皮铺在盘子中，摆上生菜、鸡肉块、胡萝卜丝、黄瓜条、京葱白段，淋一层蒸好的甜面酱。
12. 卷起食用即可。

老北京炸酱面

* 新国贸□店三五堂 赞助制作本菜

📄 原料

手擀面 500克
五花肉 400克
干黄酱 250克
水 250克
甜面酱 100克
黄瓜 1根
心里美萝卜 100克
豆芽 100克

🫙 调料

大料 3颗
生姜 60克
大葱 250克
油 .... 适量

🍴 做法

1. 干黄酱加水澥开，加入甜面酱混合均匀。
2. 五花肉去皮切丁，生姜去皮洗净切末，大葱切成葱花，黄瓜切成细丝，心里美萝卜切丝，豆芽洗净。
3. 锅内放宽油，放入大料、姜末煸香，再放入肉丁炒，捞出大料，小火将肉丁煸出油。
4. 放入一半的葱花炒香。
5. 加入步骤1中调好的黄酱甜面酱，开锅后小火慢炖30分钟。放入剩下的一半葱花，出香味关火盛出。
6. 锅内放水煮开，将黄瓜丝、萝卜丝、豆芽焯水捞出。
7. 将面条下入锅内煮熟，直接挑到碗里。
8. 放入酱和菜，搅匀即可食用。

*玉华台饭庄 赞助制作本菜

老北京窝窝头

📄 原料

玉米面 200克
黄豆面 200克
蜜豆 1碗
黄豆 .... 适量

🍴 做法

1. 黄豆泡一晚上，打成豆浆，豆渣不要丢弃留着备用。
2. 将玉米面和黄豆面、豆渣、蜜豆混合，加入适量豆浆揉成团。
3. 面团无须醒发，将面团放左手虎口处，不停地转动面团，成锥子形。
4. 右手大拇指在锥形底部按个洞，使面的厚度一致，容易熟。
5. 上笼屉蒸40分钟即可。

天津煎饼果子

* **新国贸饭店三五堂** 赞助制作本菜

📋 原料（5个量）

高筋面粉 90克

绿豆面 106克

鸡蛋 5个

水 288克

（水可根据面粉量调节）

榨菜 20克

小葱（切葱花） 17克

香菜（切段） 8克

豆瓣香辣酱 39克

甜面酱 28克

芝麻 14克

薄脆 300克

油 .... 适量

🥄 制作关键

◎传统的煎饼果子常用绿豆面，有的杂粮煎饼还会加入小米面。加碱或者盐，都会增加面糊的延展性！

🍴 做法

1. 高筋面粉加绿豆面后，加入水，顺着一个方向搅拌均匀至无颗粒。

2. 加水，将面糊调到将其挑起时是可以流动的状态。切记不能太稀，否则会煎得软软的，而不是脆脆的。

3. 平底锅小火预热，滴入一点面糊，且在2秒内凝固就可以了。在预热后的平底锅上擦一层薄油，舀一勺面糊，不必过多。使木铲子刮板面与锅垂直，顺着一个方向刮。如果家里有电饼铛，也可以用电饼铛。

4. 熟了之后翻面，打入一个鸡蛋，用木铲子打散，摊匀在煎饼上。撒上芝麻，待鸡蛋凝固后再翻面。

5. 刷上甜面酱和豆豉香辣酱。

6. 撒香菜段和葱花，放上薄脆压平。还可以随个人口味放自己喜欢的生菜、辣条、海带丝、火腿肠等。

7. 开始"叠被子"，两边对折。

8. 再折，就可以开吃了。简单健康。

山西刀削面

* 聚德华天杏园餐厅 赞助制作本菜

📄 原料

高筋面粉 500克
五花肉 300克
冷水 .... 适量

🍶 调料

调料包 1包
盐 10克
酱油、醋、辣椒
.... 各适量（可选）

🍴 做法

1. 做刀削面之前，先炖肉，五花肉洗净切成大块，冷水下锅，水烧开后，捞出五花肉，另起一锅，锅内放入五花肉、调料包、酱油、水，开锅后小火炖10分钟至软烂。调料包里放了丁香、当归、山奈、甘草、白芷、陈皮、肉桂、草果、肉蔻、草蔻、党参，如果不方便购买，大家可以用现配的炖肉料包。

2. 面粉里加10克盐，混匀。少量多次加水，面和水的比例约为2.5：1，面要和得很硬才好削。面要揉到面光、盆光、手光。面和好后无须醒面，揉成长条形。面块越长，削出的面就越长。

3. 锅内水烧开就可以削面了，削面一般不使用菜刀，要用特制的弧形削刀。操作时左手托住揉好的面团，右手持刀，手腕要灵，出力要平，用力要匀，对着汤锅，嚓、嚓、嚓，一刀赶一刀，削出的每个面叶的长度恰好都是六寸。厉害的厨师，每分钟能削200刀。

4. 面叶落入汤锅，汤滚面翻，煮1~2分钟，熟后捞出。

5. 在面上浇上炖好的猪肉，根据口味加酱油、醋、辣椒等调料拌匀即可食用。

🍳 制作关键

◎刀削面的浇头，可以根据喜好调整，如加入西红柿、香菇肉丝、茄丁、葱油等。

◎削刀有一款家用小型的，带一个把。新手用它，很容易削出顺滑的面叶。

关中臊子面

📋 原料

手擀面 200克
猪五花肉 200克
黑木耳 3大朵
胡萝卜 1/4根
韭菜 5根
南豆腐（嫩豆腐）........ 2块
金针菜（黄花菜）....... 15根

🫙 调料

陈醋 1汤匙
生抽 1½汤匙
老抽 2茶匙
辣椒面 2茶匙
盐 1/8茶匙
鸡精 1/4茶匙
白胡椒粉 1/8茶匙
香油 1茶匙
生姜 10克
大葱 1小段
大蒜 2瓣
花椒 10颗
高汤（或清水）... 1000毫升
色拉油 .... 适量
水 .... 适量

🎁 制作关键

◎ 想要做出好吃的臊子面，除了臊子汤要做得好，面条的品种也要选对，一定要选筋道的手擀面条才好吃。煮面条的时间不要太长，否则口感软烂，就不好吃了。

◎ 臊子面的面和汤的比例是四分面、六分汤。另外，因为面条还会继续吸收水分，所以要现吃现盛。

◎ 辣椒面要用特细的，用粗辣椒粉会使口感不好。不喜欢吃醋及辣椒的人完全可以不放这些，一样很好吃。

🍴 做法

1. 将金针菜、黑木耳分别用冷水浸泡20分钟，洗净后剪去根蒂，备用。
2. 猪五花肉切成细丁，胡萝卜、南豆腐切成小方块，金针菜、黑木耳切碎，韭菜切细段，姜、葱、蒜分别剁成末，备用。
3. 炒锅烧热，放入少许油，放入五花肉丁，小火煸炒至收干水分，加入姜、葱、蒜及花椒炒香，将肉块煸出油脂。

4. 加入陈醋，小火煮约2分钟。
5. 加入生抽、老抽、辣椒面，继续用小火煮2分钟。
6. 加入小半碗水，继续用小火煮10分钟。

7. 加入胡萝卜块、豆腐块、金针菜碎、黑木耳碎翻炒均匀，继续用小火煮10分钟。
8. 加入高汤（或清水），调入盐、鸡精、白胡椒粉。
9. 盖上锅盖，大火煮开，转小火煮3分钟后加入韭菜段，淋入香油即成肉臊汤。

10. 锅内烧开水，放入盐及色拉油，加入手擀面煮至水开，再加一次冷水，煮至面条八成熟。
11. 将面条捞起放入大碗内，倒入肉臊汤即成。

胶东鲅鱼饺子

*一轩饺子 赞助制作本菜

📄 原料

面粉 500克
温水 225克
鲅鱼 1条
肥猪肉 100克
韭黄 1把

🫙 调料

盐、葱、姜、蒜、花椒、鸡
精、十三香、鸡汤、马蹄、
酱油 .... 各适量

🍴 做法

1. 鲅鱼洗净, 晾干。
2. 把鲅鱼肉剔下来, 去骨去刺。肥猪肉切丁。
3. 韭黄择好, 洗净, 晾干。

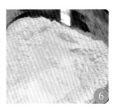

4. 把鲅鱼肉和肥肉丁混合。葱、姜切碎, 泡葱姜水; 花椒也泡水。用泡的水打馅, 鲜美多汁, 不膻不腥。
5. 鲅鱼和肥肉丁, 搅拌在一起, 打成泥, 加入鸡精、十三香、酱油, 然后把葱姜水和鸡汤打入肉中。打入的过程一定要慢, 要一点点加入, 边加边搅拌。放入适量的花椒水, 即可去除鱼肉的腥味儿。最后加入切好的韭黄和马蹄, 加入适量盐, 搅拌均匀即可。
6. 面粉加温水和成面, 放在一边静置。

7. 面团醒过后, 稍微揉一下很快就光滑, 中间掏一个洞成环形, 掐断后搓成长条状。
8. 揪出面剂子, 压扁。
9. 擀圆。要擀得中间厚, 边缘薄。

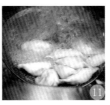

10. 馅放入面皮中间, 捏成饺子样。
11. 锅内水开后, 放入饺子煮熟, 即可食用。

兰州拉面

* 东方宫中国兰州牛肉拉面 赞助制作本菜

📄 原料

塞北雪面粉 500克

蓬灰水 16克

牛肉 500克

牛腿骨 1根

萝卜块 .... 适量

香菜（切段）................ 1根

小葱（切葱花）............ 1根

水 .... 适量

📦 调料

盐 .... 适量

炖肉料包 1袋

牛油 1碗

🍴 做法

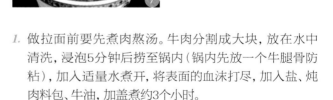

1. 做拉面前要先煮肉熬汤。牛肉分割成大块，放在水中清洗，浸泡5分钟后捞至锅内（锅内先放一个牛腿骨防粘），加入适量水煮开，将表面的血沫打尽，加入盐、炖肉料包、牛油，加盖煮约3个小时。

2. 肉熟后关火闷20分钟，再开火至沸腾，将肉捞出，自然冷却3~4小时，然后放至冰箱冷藏。

3. 面粉放入盆中，分次加入冷水揉成团，分次加入蓬灰水，然后将面团揉成光滑的面团。面团要软硬适中，不粘手。面团涂油，放在一边静置。

4. 将面拉成条状。

5. 拉好的面放入锅内煮熟，盛入碗中。

6. 拉面浇上肉汤。

7. 依次放入牛肉块、萝卜块、香菜段、葱花。

陕西肉夹馍

📋 腊汁肉原料

猪五花肉 500克

🫙 腊汁肉调料

A

干红椒 8个
草果 1个
肉蔻 2个
八角 2个
桂皮 1块
香叶 3张
花椒 15颗
良姜 1块
小茴香 1小把

B

生抽 2汤匙
老抽 2汤匙
精盐 1/4茶匙
冰糖 10克
米酒 3汤匙

C

大葱 1根
姜片 5片

D

油 .... 适量
水 .... 适量
大骨高汤 .... 适量（可选）
香菜 .... 适量

🥢 制作关键

◎ 肉不需要煮得太软烂，过于软烂的话，吃起来没有嚼头。填入馍中的肉不要剁得太细、太松散，剁好的肉一定要拌上一些肉汁才好吃，这一步不要忘记。香菜可加可不加。

🍴 腊汁肉做法

1. 将猪五花肉洗净，切成大块，用冷水浸泡30分钟去血水。大葱切段。
2. 备好调料A。
3. 炒锅烧热，放入少许油，冷油放入调料A，小火炒至出香味后盛出，放入卤料包，备用。

4. 锅内剩下的油烧热，放入葱段、姜片及猪肉块，小火煸炒至肉块水分收干、表面微黄。
5. 加入大骨高汤或清水，汤或水量要高出肉块3厘米。
6. 加入调料B及卤料包，大火烧开后转小火，盖上锅盖焖制。

7. 焖约半小时后用汤匙将表面的浮沫撇去，继续加盖，用小火焖制60分钟。
8. 焖至用筷子可以插入肉块、汤汁剩下少量时关火，将煮好的肉块浸在肉汁里过夜，第二天再次加热后撕成小块，夹入馍中即可食用。

📄 馍原料

冷水（或温水）......... 100克
酵母粉 3/4茶匙
中筋面粉 200克
色拉油 1茶匙
泡打粉 1/8茶匙

🍴 馍做法

1. 将酵母粉放入冷水中浸泡5分钟至完全溶化，冬季要用40℃的温水。
2. 将面粉及泡打粉在盆内混合均匀，加入酵母水及色拉油混合均匀。
3. 用筷子迅速将面粉和水搅成雪花状，用手揉成面团，移到案板上，反复搓揉至表面光滑为止。

4. 将面团放入盆内，盖上保鲜膜，室温30℃发酵50~60分钟。
5. 发酵至面团膨胀至两倍大、内部充满气孔。
6. 将面团反复搓揉至面团表面变得非常光滑为止。将面团搓成长条状，再揪成剂子，将剂子整理成圆形面团，再搓成小的长条形。

🥧 制作关键

◎ 和面的时候尽量多揉一会儿，面起筋后，口感会更好。不要把馍擀得太薄，不然烙的时候发不起来。烙馍的时候要用小火，不用担心馍会不熟，因为要盖上锅盖焖制。刚烙好的馍会有些软，放凉后表面就变得脆硬了。

7. 用擀面杖擀扁，由上向下卷成柱状。
8. 用手掌按扁面团，用擀面杖将其擀成5毫米厚的圆饼，盖上保鲜膜，静置发酵20分钟。
9. 将平底锅烧热，放入圆饼，盖锅盖，小火焖2分钟，翻面，继续加盖焖，2分钟后再开盖烙1分钟，取出。

🍴 肉夹馍做法

10. 将隔夜的腊肉用菜刀切成粗颗粒状，取少许香菜剁碎。
11. 将肉碎及香菜碎放入碗内，加入2茶匙腊肉汤汁拌匀。
12. 烙好的馍由中间割开。
13. 填入腊汁肉即可。

扬州炒饭

📋 原料

鲜虾 200克
胡萝卜、豌豆粒 各30克
甜玉米粒 20克
火腿（或腊肠）.......... 50克
鸡蛋 2个
熟米饭 1碗

🫙 调料

A ....
盐 1/4茶匙
玉米淀粉、色拉油 . 各1茶匙
清水 1/2汤匙
柠檬汁 .... 少许

B ....
鱼露、生抽 各2茶匙
盐、鸡精 各1/4茶匙
白胡椒粉 1/2茶匙

C ....
葱花 20克
香油（或鸡油）......... 1茶匙
色拉油 .... 适量

🍲 制作关键

◎ 要想炒饭时不粘锅，可先在米饭里拌点油，或是在煮米饭时加1茶匙色拉油，都可以起到防粘的效果。

◎ 炒饭时要不停翻动，特别是底部，防止炒出锅巴。

◎ 如果有鸡油或猪油的话，加一些在饭里会更香。

🍴 做法

1. 鲜虾去头、壳，在背部切一刀，不切断，去除虾线，洗净。
2. 将虾仁用调料A调匀，腌制10分钟。
3. 将火腿、胡萝卜切细丁，鸡蛋打散成蛋液。

4. 将1茶匙色拉油放入蒸好的米饭内，搅拌均匀。
5. 锅入水烧开，放入胡萝卜丁、甜玉米粒、豌豆粒、火腿丁焯烫1分钟，捞起沥净水。
6. 锅入油烧至八成热，放入虾仁。

7. 翻炒至虾仁变为白色时盛出备用。
8. 锅中放入油，摇匀，烧至八成热，倒入打散的蛋液。
9. 迅速将蛋液炒散。

10. 倒入熟米饭及步骤5中焯烫好的材料，加入调料B，用中火不停翻炒。
11. 再放入炒好的虾仁，翻炒数下。
12. 撒上葱花，淋上少许香油即可。

黄桥烧饼

*玉华台饭庄 赞助制作本菜

原料

面粉 500克
猪板油 300克
火腿 1块
水 .... 适量

做法

1. 面粉加猪板油逐渐加水和成光滑的面团，放在一边静置一会儿。
2. 静置的时候准备馅料，将火腿切成小丁和猪油混合。
3. 静置好的面团包入一块猪油，像包包子一样包起来，接口处捏紧。

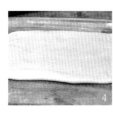  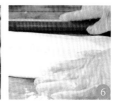

4. 将面团擀成长方形。
5. 进行第一次三折：左边的面沿左侧1/3处向中间折，盖住中间的面，右边的面沿右侧1/3处向左侧对折，盖住左边的面。
6. 将面团再次擀成长方形。

7. 进行第二次三折：左边的面沿左侧1/3处向中间折，盖住中间的面，右边的面沿右侧1/3处向左侧对折，盖住左边的面。
8. 再次擀成长方形后卷起。
9. 揪成均匀的面剂子。

10. 面团压扁，包入馅料，收口收紧。入烤箱180℃上下火，烤25分钟。

南方主食

东西南北主食榜

南京灌汤包

*竹外桃花 赞助制作本菜

📋 原料

雪花粉 500克
清水 220克
肉皮冻 300克
鸡油 10克
正义猪油（制面皮）... 25克
自制猪油（制馅料）... 10克
蟹肉 50克
蟹黄 50克
金瓜泥 .... 适量
胡萝卜泥 .... 适量

🫙 调料

盐 .... 少许
姜末 .... 适量
白兰地 .... 少许
糖 .... 适量
鸡粉 .... 适量
白胡椒粉 .... 适量

🌰 制作关键

◎ 做灌汤包之前，如果自己熬煮肉皮冻，最好提前一天把肉皮冻熬好。

◎ 对新手来说，熬的时间最好久一点，以超过2个小时为宜。如果熬的时间不够久，在包制的时候肉皮冻会化掉，增加包制的难度。

🍴 做法

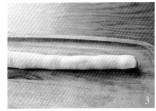 

1. 先做馅。将自制猪油加鸡油下锅，放入姜末炒出姜味，放蟹黄熬5分钟左右使油出色，放入蟹肉、金瓜泥和胡萝卜泥炒香，放白兰地酒，放糖和鸡粉、白胡椒粉调味。肉皮冻切成小块和炒好的蟹肉混合，加少许盐，搅拌成团，冷藏30分钟。

2. 将雪花粉放入盆中，在面粉中间加入少许盐和正义猪油，慢慢加入冷水，和成雪花状后，用手掌根将面粉揉成团，充分揉成表面光滑的面团，盖上容器，醒发15分钟。

3. 把醒发好的面团揉成长条。

4. 将面揪成等大的剂子，每个剂子18克左右。

5. 用擀面杖将剂子擀成边缘薄、中间稍厚的小笼皮。

6. 每个笼皮中包入约60克馅料。

7. 捏褶时拇指在内，食指在外，然后封口，防止汤汁外漏。

8. 大火烧水，水开后放上小笼包蒸7分钟，汁多鲜嫩的灌汤包就做好了。

* **竹外桃花** 赞助制作本菜

上海阳春面

原料

细圆面条 1把
老鸡 1只
猪油 10克

调料

鸡精 1克
胡椒粉 1克
小葱（绑结）............... 10根
姜 5片
盐 1克
生抽 1汤匙
老抽 10毫升
葱花 .... 适量

做法

1. 可以先熬高汤。鸡放入锅内，再放入切好的姜片、绑好的小葱结，加冷水煮开，撇掉浮沫。小火煮1个小时，取1碗高汤备用。

2. 煮面的时候，先准备一个阔口的面碗，在碗底放猪油、鸡精、盐、胡椒粉。猪油是上海阳春面的点睛之笔，一定要放。

3. 接着放生抽和老抽。

4. 水烧开后放入面条煮熟。

5. 再沸时用筷子挑起面条，尽量举高，把面的底端先放入碗中，顺势折上几折，这样看上去很齐整。

6. 舀入高汤，撒上葱花，趁热吃。

武汉热干面

* **汪婆婆卤菜·武汉虾蟹烧烤锅仔酒馆** 赞助制作本菜

📋 原料

碱水面 150克
辣萝卜 10克
熟牛肉 .... 适量
酸豆角 10克

🫙 调料

酱油汁、卤汁、辣椒油、白
胡椒、鸡精、五香粉、盐、
芝麻酱、油 .... 各适量
小香葱 5克

🍴 做法

🥢 制作关键

◎第二次煮面涮一下即可，不要
煮太久。

◎调料可根据个人喜好调节。

◎酱油汁是用生抽加水调制的。

1. 先准备食材。辣萝卜、酸豆角切丁，熟牛肉切片，小香葱切成葱花备用。
2. 锅中烧水至沸腾，将碱水面抖散下锅煮，大约至八成熟时捞出沥水。
3. 向捞出的面条上倒入油。
4. 用筷子搅匀并快速抖散面条，以免粘黏。
5. 等面条凉了以后，再放入锅里涮一下（约20秒），捞出沥干水。
6. 放入酱油汁、卤汁、辣椒油、白胡椒、鸡精、五香粉、盐、芝麻酱。
7. 放入牛肉片、辣萝卜丁、酸豆角丁、葱花，搅拌均匀即可开吃。

四川担担面

原料

面条	1把
榨菜	1包
猪肉馅	300克
豆豉芽菜	1包

调料

葱（切碎）	1根
姜（切碎）	1块
酱油	10克
鸡精	5克
盐	适量
蒜（制成泥）	1头
辣椒油	20克
麻酱	20克
色拉油	10克

做法

1. 锅烧热加入色拉油，油热后放入葱花、姜末炒香，加入豆豉芽菜翻炒，加入搅碎的猪肉馅继续翻炒，之后加入少许酱油翻炒。放入提前烧好的开水，加入榨菜、盐、鸡精等调料，开锅即可。
2. 将面条放入烧开水的锅中煮熟。
3. 在碗里放入剩余酱油、麻酱、蒜泥、辣椒油，搅匀。
4. 把煮好的面条放入碗中，浇上炒好的卤。
5. 食用时，将面和卤搅拌均匀即可。

*聚德华天新川面馆赞助制作本菜

麻辣凉面

📋 原料

面条 1把
黄瓜 .... 半根
芝麻 10克

🫙 调料

白醋 20克
麻酱 20克
白糖 20克
姜粉 10克
花椒粉 10克
芥末 10克
酱油 10克
胡椒粉 10克
色拉油 .... 适量

🍴 做法

1. 黄瓜切成细丝,芝麻用平底锅炒香。先将麻酱、白糖、少许白醋放在一起混合,放入姜粉、花椒粉,静置一会儿,再放入芥末、酱油、胡椒粉、剩余白醋,搅拌均匀,最后加入炒好的芝麻。
2. 用开水将面条煮至七成熟捞出。
3. 面条过凉水,色拉油加热晾凉。色拉油加入面条中搅拌均匀,用电风扇吹半个小时。
4. 将做好的面条盛入盘中,加入制作好的凉面调料和少许黄瓜丝,搅拌均匀即可食用。

重庆酸辣粉

📄 原料

红薯粉条 150克
干黄豆、花生 各15克
芽菜末 10克
油豆泡 4个
绿叶蔬菜 2棵
猪五花肉末 50克

🫙 调料

花椒粒 8颗
特细辣椒粉 2汤匙
姜蓉、蒜蓉 各1/2茶匙
猪骨高汤 1杯
酱油、香醋、生抽
.... 各1汤匙
盐、白芝麻（炒熟）、花椒
粉、白胡椒粉
.... 各1/4茶匙
芝麻酱、鸡精、香水芹菜
碎、香菜碎、香葱碎、香油
.... 各1茶匙
油 .... 适量

🍴 做法

1. 干黄豆用冷水浸泡3小时，红薯粉条用温水浸泡20分钟。
2. 锅入油烧温，放入黄豆，小火炸至酥脆，捞出沥净油。
3. 再放入花生小火炸至酥脆，捞出沥净油，去皮碾碎备用。再将猪五花肉肉末放入锅中炒熟，盛出。
4. 将特细辣椒粉放入碗内，加入花椒粒。锅入油烧热，趁热倒入碗内，待气泡消失后，加入生抽、芝麻酱、香油，调匀即成特制辣椒油。
5. 锅入水烧开，将泡软的红薯粉条放入锅中烫熟，捞出沥干。再放入绿色蔬菜焯熟，捞出沥干。
6. 碗内先放1/3杯的高汤，将其他所有调料放入碗内调匀，放入红薯粉条、酥黄豆、酥花生、绿叶蔬菜、油豆泡、芽菜末、猪五花肉末，最后把剩余的高汤烧热倒入碗内即可。

云南破酥包

馅料原料

土猪肉 500克
香菇 8朵
花生油 30毫升
葱 1根
姜 1块
草果 2颗
八角 6粒
拓东酱油 30毫升

面皮原料

高筋面粉 500克
冷水 250克
酵母 5克
糖 15克
泡打粉 5克
猪板油 50克

做法

1. 先准备馅料。香菇泡发切小丁,葱、姜洗净切丝。锅内放油,将葱姜放入炸香,捞出葱姜,放入切成大块的五花肉翻炒,加入草果、八角和拓东酱油炖40分钟捞出。然后将五花肉肥瘦分开,将肥肉放入锅内炼油,将瘦肉倒入锅内翻炒,倒入肉汁稀释搅匀,将馅料冷藏备用。

2. 面粉倒入盆中加酵母、糖、泡打粉搅匀,慢慢加入冷水和成光滑的面团,做到面光、盆光、手光。

3. 无须醒发,直接将面团擀成大面皮。

4. 在面皮上用刷子刷一层软化的猪板油。

5. 将面皮从边上开始卷起,卷成长条,收口处沾上一点水。

6. 将卷起的长条一边抻一边卷紧,揪成80克一个的面剂子。

7. 面剂子压扁,包入馅料,收口收紧。包好的破酥包坯放入笼屉静置发酵30分钟。

8. 锅内水烧开上汽后放入包子,蒸15分钟。

9. 烤箱上下火180℃预热,烤15分钟至金黄即可。

制作关键

◎ 水量根据面粉的吸收性调整。

云南鹅油过桥米线

*泓0871甄选云南菜 赞助制作本菜

原料

米线	150克
高汤	1000毫升
鹅油	30克
鹌鹑蛋	2个
鱼片	50克
里脊片	50克
鸡片	50克
火腿	100克
豌豆尖	3朵
豆腐皮	30克
豆芽菜	10根
食用菊花	1朵
草芽	50克
胡萝卜	1小根
木耳	3朵
韭菜	3根
芫荽	1根
葱	20克
虾粉	5克
胡椒粉	2克
榨菜	10克
枸杞	6颗
玉兰片	3片

做法

1. 将高汤用文火慢熬。在云南，如果宝珠梨上市，会用纱布包几个整梨，下汤一起熬煮。

2. 汤料煮好后，就要准备配料。处理鱼片、里脊片、鸡片；火腿切片；芫荽、葱洗净，切成小丁；豆腐皮、豌豆尖、豆芽菜、菊花洗净。

3. 汤碗要提前加热至烫手，碗底放置手打的虾粉和胡椒粉。倒入滚烫的鹅油。顶汤在最后以翻江倒海之势冲入，以江湖一统收场。一碗好的过桥米线汤料，表面汤色金黄，看似没有一丝热气，汤底则是暗热涌动、五味俱全。真正的"面如平湖，胸有波澜"。

 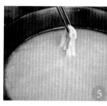 

4. 鹌鹑蛋打入碗中搅匀后给生肉片挂浆，肉的口感更滑嫩。

5. 将各种肉依次放入碗中。

6. 碗中倒入云南过桥米线。云南米线是由纯米浆制作的，质地细腻柔软。

7. 先放入豆腐皮、豆芽菜、玉兰片、草芽、胡萝卜、木耳、韭菜、榨菜、枸杞，再放入芫荽、葱花、豌豆尖。

8. 将顶好的食用菊花花瓣撒在汤面上，耐看养眼。

台湾红烧牛肉面

📄 **牛骨高汤原料**

牛棒骨 .....1根（约1500克）

🫙 **牛骨高汤调料**

料酒 1汤匙
京葱（切段） 1根
姜片 5片

📄 **红烧牛肉原料**

牛腩肉 1500克
中等大小洋葱 1个

🫙 **红烧牛肉调料**

大蒜 8瓣
京葱（大葱） 1根
姜片 ....4~5片
新鲜红辣椒 ....5~8个
八角 3粒
红油豆瓣酱 2汤匙
小卤药包（内放桂皮、陈
皮、小茴香、南姜、八角、
香叶） 1包
生抽 4汤匙
老抽 ....3~4茶匙
花雕酒 2汤匙
白胡椒粉 1/2茶匙
冰糖 25克
植物油 ....适量

📄 **牛肉面原料**

拉面 ....适量
青菜 ....适量
酸菜 ....适量

🫙 **牛肉面调料**

盐 ....适量
白胡椒粉 1/2茶匙
味精 ....适量
蒜蓉辣酱 ....适量

🍲 **制作关键**

◎ 牛肉不要炖得太烂，否则
会失去嚼头。

🍴 牛骨高汤做法

1. 牛棒骨洗净，放入锅中，注入冷水，加入料酒、葱段、姜片，用中火煮开，再继续煮约5分钟。

2. 直至牛骨里的血水都煮出来，取出牛骨冲洗净。

3. 取一口深锅，放入牛骨，加入葱段、姜片，加12碗水。

4. 大火烧开后转小火，不要盖锅盖，炖3小时至汤剩一半的量即可。

🍴 红烧牛肉面做法

1. 牛腩肉切成5厘米见方的块，洗净，中途换3次水，捞出，控干水。

2. 将红椒切开一道口，洋葱切条，大蒜去皮，京葱切段，备用。

3. 炒锅内倒入植物油烧热，加入大蒜、京葱段、姜片、红辣椒、八角，小火煸炒。

4. 煸炒至大蒜和京葱段表面变得微黄，加入红油豆瓣酱，炒出香味。

5. 将炒好的香料和小卤包里的药材一起放入纱布袋内，扎紧口备用。

6. 炒锅洗净，重新放入油，小火烧热，加入洋葱条炒出香味。

7. 加入牛腩块，用中火炒1分钟，炒至肉块表面变色。

8. 淋入花雕酒，加入生抽、老抽。

9. 加入清水和1/2茶匙白胡椒粉，水面要高过肉2厘米，大火烧开后盖上锅盖，转小火焖煮90分钟。

10. 煮至用筷子可以扎入肉块时，加入冰糖，盖上锅盖，小火焖煮约30分钟，至肉质变软即成红烧牛肉。

11. 锅内烧开水，放入拉面，中火开盖煮，中途分3次加入半碗冷水，将面条煮熟。

12. 碗内倒入半碗牛骨高汤，加1/2茶匙白胡椒粉、盐、味精，捞入面条，放上红烧牛肉及半碗牛肉汤汁，配上烫熟的青菜、酸菜，加少许蒜蓉辣酱即可食用。

台湾炒米粉

📋 原料

新竹米粉 2小包
猪里脊肉 50克
包菜（高丽菜）........... 30克
鸡蛋 1个
胡萝卜、水发香菇...... 各20克
韭菜 20克

🫙 调料

A ....
生抽、料酒 各1/2汤匙
玉米淀粉、色拉油 .. 各1茶匙

B ....
生抽 1汤匙
盐、糖、鸡精 各1/2茶匙
高汤（或清水）............. 1杯
色拉油 2茶匙

🍚 准备工作

1. 猪里脊肉、包菜、胡萝
   卜、水发香菇分别洗净，
   切细丝；
2. 韭菜洗净，切段；
3. 鸡蛋打散后，用平底锅煎
   成蛋皮，切细丝。

🧂 制作关键

◎ 炒米粉的时候，多放一点
油才好吃。

◎ 炒菜时胡萝卜丝、韭菜段
也可以跟蛋皮丝、肉丝一起放，
这样吃起来更爽口。

◎ 若买不到新竹米粉，可以
用其他米粉代替。

🍴 做法

将新竹米粉放入盆中，用冷水浸泡半小时。

将猪里脊肉切丝，放入碗中，加入调料A抓拌均匀，腌制15分钟。

锅入油烧热，放入猪肉丝炒熟，盛出备用。

锅再次入油烧热，放入香菇丝炒香，再放入包菜丝略炒。

放入米粉、胡萝卜丝、韭菜段，翻炒均匀。

加高汤（或清水），调入生抽、盐、糖、鸡精。

煮至水收干时，放入煎好的蛋皮丝及炒好的肉丝，炒匀即可。

翻炒的时候最好用筷子，不要用锅铲，以免把米粉铲断。

广东肠粉

📄 原料

拉肠粉 2杯
澄面 1杯
水 5杯
芦笋 6根
牛肉 ....适量

🫙 调料

生抽、鱼露、蚝油、冰糖、
鸡精、老抽、姜、葱、洋
葱、新会陈皮、油...各适量

🍴 做法

1. 姜、洋葱切丁, 葱切葱花。将生抽、鱼露、蚝油、冰糖、鸡精、老抽、姜丁、葱花、洋葱丁、新会陈皮混合在一起搅拌均匀, 制作酱料。大家知道其实中式料理没有过多讲究, 所以量随意就行。大家可以尝一尝味道, 再加以调制。

2. 芦笋切段。将肠粉的材料(拉肠粉、澄面和水)按比例混合在一起, 搅拌均匀。

3. 在蒸盘上刷一层薄薄的油。

4. 倒入肠粉面糊, 撒入牛肉、葱花, 开大火蒸熟。

5. 在蒸肠粉的时候, 我们可以来煮芦笋。水烧开之后, 加入芦笋, 煮熟之后捞出来备用。

6. 肠粉蒸熟之后卷起来, 切块, 放到一个碗中, 然后倒入事先调制的酱汁, 最后用芦笋装饰一下即可。

广东炒牛河

📄 原料

沙河粉 600克
韭黄 120克
黄豆芽 120克
新鲜牛肉 150克

🫙 调料

A ....

小苏打粉 1/8茶匙
料酒 1/2汤匙
蚝油 1汤匙
生抽 2汤匙
鸡蛋清 1/4个
水淀粉 1汤匙
香油 .... 少许

B ....

白糖 .... $1\frac{1}{2}$茶匙
生抽 2汤匙
老抽 2茶匙
鸡精 1/4茶匙
盐 1/4茶匙

C ....

植物油 .... 适量
盐 .... 少许

🫕 制作关键

◎ 炒牛河的时候一定要锅气足
（就是火力要大），河粉要不
碎、不粘锅，牛肉要滑嫩，豆芽
和韭菜不能出水，油水足而味
道不腻。

◎ 韭黄是这道小吃中最具特
色的配菜，不仅增加香味，而
且使口感爽脆。

🍴 做法

1. 将新鲜牛肉逆着纹路切成薄片。
2. 牛肉里加小苏打粉拌匀，腌制30分钟，依次加入调料A中的料酒、蚝油、生抽、水淀粉、鸡蛋清拌匀，腌制10分钟后加少许香油拌匀。
3. 将韭黄洗净，切除底部较老的根，切成段。黄豆芽切除根部，备用。

4. 取一小碗，放入调料B中所有调料调匀，备用。
5. 炒锅里烧热少许植物油，放入黄豆芽和少许盐，大火炒10秒钟，再放入韭黄段炒10秒钟，盛出备用。
6. 炒锅烧热，倒入1汤匙植物油，放入牛肉片滑炒至变色，盛出备用。

7. 炒锅洗净，烧热1汤匙植物油，放入河粉，加入调好的料汁，翻炒至均匀上色。
8. 再加入事先炒好的韭黄段、黄豆芽及牛肉片，开大火，颠炒均匀即可。
9. 如果不能颠锅，可以用筷子翻炒，一定不要用锅铲翻，不然很容易把粉炒碎。

番茄意大利面

原料

猪绞肉	300克
洋葱	100克
番茄	200克
意大利面	400克

调料

番茄酱	150克
生抽	2汤匙
蚝油、盐、黑胡椒粉	各1茶匙
砂糖、料酒	各1汤匙
大蒜	3瓣
橄榄油	$1\frac{1}{2}$汤匙
芝士粉	少许
花生油	1汤匙

准备工作

1. 洋葱去皮，洗净，切碎；
2. 番茄洗净，切块；
3. 大蒜剁成蓉。

制作关键

◎ 番茄酱一定要多放，直至肉的色泽全部变红，再加些砂糖中和其酸味。

◎ 若一次吃不完，可以将剩下的酱汁装入保鲜盒，放冰箱冷冻保存。

◎ 不喜欢吃辣的，要少放些胡椒粉。

做法

锅内放入1汤匙花生油，冷油放入蒜蓉、洋葱碎炒出香味。

加入猪绞肉，翻炒数下，调入料酒，小火慢慢炒至猪肉出油、表面呈微黄色。

加入番茄块，翻炒均匀。

调入番茄酱、生抽、蚝油，倒入少许清水。

煮至番茄块成酱汁后，加入砂糖、黑胡椒粉，略煮入味即可盛出。

锅入水，放入少许盐、橄榄油，加盖烧开后，放入意大利面，散开不要让面重叠在一起。加盖，大火煮10~12分钟。

将煮熟的面条捞出，浸泡在冰水中约3分钟。

面条取出沥干，盛入大盘内，淋上做好的番茄肉酱，撒芝士粉即可。

韩式烧肉拌饭

📄 原料

黄豆芽、胡萝卜、黄瓜、火
腿、菠菜、新鲜香菇、五花
肉 各150克
洋葱 100克
鸡蛋 1个
韩式辣白菜 50克
熟米饭 2碗

🫙 调料

生抽、韩式辣酱 各1汤匙
料酒 2汤匙
高汤 .... 半杯
姜 2片
蒜 3瓣
芝麻、植物油 .... 各适量

🍴 做法

1. 黄豆芽、菠菜择洗干净；胡萝卜去皮，洗净切丝；黄瓜、火
腿、洋葱分别洗净，切丝；香菇洗净，切片。
2. 锅入清水，放入五花肉煮开后再煮约5分钟，取出，冲洗干净。
3. 将五花肉切成0.5厘米厚的肉片。

4. 锅入油烧热，放入姜片、蒜瓣、洋葱丝炒出香味，再放入肉片。
5. 小火炒至肉转微黄色、油脂被煎出来时，再放入生抽、料
酒、韩式辣酱、高汤。
6. 大火煮开后转小火煮至酱汁浓稠即可。

7. 香菇片入沸水锅中焯熟，捞出沥水。
8. 放入菠菜焯熟，捞出沥水。
9. 再放入黄豆芽焯熟，捞出沥干水。用平底锅煎一颗溏心鸡蛋。

10. 将熟米饭放入石锅内，用筷子翻松
散，拌入酱汁，铺上各式蔬菜、火腿
丝、肉片、韩式辣白菜、溏心鸡蛋，撒
上芝麻即可。

🍶 制作关键

◎ 不喜欢吃肥肉的可以用瘦
肉代替，或是把肉煎久一点，把
油逼出来。

◎ 吃拌饭的时候还可以加些
韩国辣酱，更美味。

◎ 石锅的保温性好，但若没有
石锅，也可以用砂锅代替。

三文鱼寿司

📄 原料

五常香米.............................400克
三文鱼.............................200克

🏺 调料

盐 1茶匙
白糖 2茶匙
白醋 1茶匙
淡盐水 1碗
青芥末酱、寿司酱油..各适量

🥢 制作关键

◎ 捏饭团时，手上先蘸一点淡
盐水，会比较容易操作。

◎ 饭团的大小要一致，这样才
美观。

◎ 饭团不要做得太大，最好
一口能吃下。

🍴 做法

香米淘洗干净，加450
毫升水，放入蒸锅内。

大火蒸30分钟。

蒸好的米饭晾凉至
25℃，加入盐、白糖、
白醋拌匀。

三文鱼切片。

用手先蘸些淡盐水，
再抓少许米饭，捏成
长圆形。

在饭团上放入一片三文
鱼。

所有的饭团依次做好。

在三文鱼上挤上青芥末
酱，吃的时候可以搭配
寿司酱油。

家常主食·本味家常菜黄金搭档

粽子

米粉

麻团

鸡肉盖浇饭

很好吃的盖浇饭！平时只吃一碗饭的孩子，竟然吃了两碗鸡肉盖浇饭！洋葱、胡萝卜、圆椒都是他平时见了就皱眉头的蔬菜，这回他却只顾着往嘴里扒饭，完全顾不上挑食了，还边吃边捧场地点着头说："嗯，好吃，真好吃！"

📄 原料

鸡琵琶腿 2个

洋葱 100克

胡萝卜 80克

圆椒 50克

熟米饭 3小碗

🫙 调料

A ....

料酒 2茶匙

酱油 1茶匙

生粉 1茶匙

B ....

酱油 2汤匙

糖 1汤匙

黑椒汁 1汤匙

其他 ....

水淀粉 1茶匙

油 ....适量

🍴 做法

1. 鸡琵琶腿去骨, 去皮。
2. 将鸡腿去肥油, 切成条。
3. 将鸡肉条放入容器里, 倒入调料A。

4. 将鸡肉条与调料A一同抓匀, 腌制30分钟。
5. 在小碗里将调料B调匀。
6. 洋葱、胡萝卜和圆椒分别切丝(不必切得很细)。

7. 炒锅加油烧热后, 放入鸡肉条。
8. 煎炒至鸡肉条变色后, 用小碗倒入步骤5调好的酱汁。
9. 再用等量的水涮一下碗后再倒入锅里, 拌匀。

10. 倒入所有菜丝。
11. 拌匀后盖上锅盖, 小火煮3分钟左右。
12. 煮至菜软时, 把火开大, 淋入水淀粉, 将汤汁收稠, 关火。
    碗里盛入熟米饭, 再连汁儿浇上菜丝鸡肉条即可。

培根三丁焖饭

焖饭的时间别闲着，随手配个简单的青菜
蛋花汤，看似偷懒，却也能吃得舒舒服服，
所以啊，吃得好，未必要大费周章，偷工
不减料才是做饭的"巧"……

原料

大米....................................300克
土豆....................................150克
胡萝卜.................................66克
香菇....................................95克
培根.....................................2片
小葱.....................................1根

调料

糖....................................1/2茶匙
盐....................................1/2茶匙
生抽...................................1茶匙
油..适量

制作关键

◎ 可以将培根换成香肠或腊肠。

◎ 培根本身咸，所以调味时要适量加盐。

做法

1. 大米淘洗干净，放入电饭煲内锅里，按正常焖饭加水，先略浸泡。
2. 土豆和胡萝卜分别去皮洗净，香菇洗净，所有蔬菜全部切成小丁；培根切小丁。
3. 炒锅油热后，放入培根丁，煸炒至变色、肥肉吐油。
4. 倒入所有菜丁。
5. 翻炒1分钟。
6. 调入糖、盐和生抽，炒匀。
7. 将炒好的原料全部倒入电饭锅里。
8. 略搅匀，盖上盖子，摁下煮饭键。煮饭键跳起后，再焖10分钟，打开锅盖将切碎的小葱快速地放进去，拌匀，出锅。

辣白菜炒饭

其实孩子不是很喜欢吃炒饭，可能他觉得炒饭是在"糊弄"，但他特别喜欢吃辣白菜。当他听说我做了辣白菜炒饭时，第一反应是眉头微蹙，似乎觉得我糟蹋了他的最爱。可等他真正吃上以后，碗里被他吃得干干净净，然后他回我："好吃！"

原料

熟米饭.................................250克
韩国辣白菜.....................150克
猪绞肉.................................80克

调料

香油.....................................2汤匙
小葱.......................................10克
糖.......................................1/2茶匙
盐.......................................1/4茶匙
泡菜汁.............................2汤匙

制作关键

◎ 用香油炒, 更具韩国风味。

◎ 泡菜本身有咸味, 所以调味时要根据实际情况来放。

◎ 喜好辣的, 还可以加入辣酱一起炒。如果最后在炒饭上再加一个溏心煎蛋的话, 就更具韩国料理风范了。

做法

1. 将韩国辣白菜切碎, 另倒出适量泡菜汁备用。小葱切碎。
2. 炒锅加热, 倒入香油。油热后放入猪绞肉。
3. 不断翻炒至肉变色干爽, 加入葱花, 炒匀。
4. 倒入泡菜碎, 继续翻炒。
5. 调入糖和盐, 炒至松散。
6. 倒入熟米饭, 再继续耐心炒匀。
7. 炒至米饭粒粒均匀。
8. 最后淋入泡菜汁, 炒匀即可。

米饭

米类主食

米饭三明治

📄 原料

熟米饭 1碗

鸡蛋 1个

火腿 3片

生菜叶 6小片

🫙 调料

熟白芝麻 2汤匙

盐 1/2茶匙

沙拉酱 ....适量

油 ....适量

📷 特殊工具

三角饭团模....................1套

🍳 制作关键

◎ 三角饭团模,是网购的进口模具,内部接触面有凹凸设计,不粘性非常好。喜欢做寿司、做饭团、做米饭三明治的妈妈,应该拥有这样一款模具,用起来非常方便。

◎ 如果孩子不喜欢芝麻盐,可以不放。

🍴 做法

1. 芝麻和1/4茶匙盐一起倒入搅拌机的干磨杯中,搅打成细芝麻盐。火腿切成能放进模具的大小。鸡蛋打散,加1/4茶匙盐,打匀,锅中油热后下蛋液快速炒成蛋碎,盛出备用。

2. 将芝麻盐拌入熟米饭中,拌匀。

3. 将三角饭团模放在案板上,填入一半的米饭。

  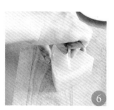

4. 米饭上放上一片火腿。

5. 再填上米饭。

6. 用模具的上压板将米饭用力压实,压实才不容易散。

  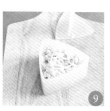

7. 饭盘上垫生菜叶,连带着模具提住饭团放到生菜叶上,再脱模。

8. 另做一款,先填入米饭,挤上一层沙拉酱。

9. 放上蛋碎,再挤上沙拉酱。

 10. 填上米饭,同样的方法压实后放在生菜叶上脱模。

蜜汁肉片米堡

¶¶ 做法

糯米淘洗干净，浸泡3小时以上。

大米淘洗干净，倒入电饭煲内锅，将泡好的糯米连水一起倒入，水面比用大米煮饭时要低一点，按下"煮饭"键，煮好后焖15分钟左右。

里脊肉切成1厘米左右宽的肉块。

将肉块摊开，用肉锤（或刀背）敲薄敲松。

将敲松的肉块切成肉片。

在小容器中放入蜜汁烤肉酱、料酒、生抽、老抽、蜂蜜、盐和水，搅匀成腌料汁。

将肉片放入料汁中，加入切段的小葱和姜片，搅匀，腌制30分钟。

准备一碗水，一个圆形模（切模或煎蛋模都可以），一个底儿较大且能放进圆模的杯子，一个汤匙，一个烤盘，一张防粘高温布（锡纸或油纸也可以）。将防粘布铺在烤盘上，准备放米饼的地方抹点水，圆模内侧也浸些水（都是为了防粘）。将圆模放在烤盘上，中间填入米饭。

杯底蘸些水用力将米饭压实，再用汤匙背蘸水将形状整理均匀，并脱模。

蛋液中加些盐打匀，刷在米饼表面，烤箱180℃预热好，上层烤5分钟左右至蛋液凝固，取出。

平底不粘锅烧热，倒入油，油热后，放入肉片。

煎至肉片两面变色后，倒入剩下的料汁（包括葱姜），不断翻炒至料汁收浓。

再撒些烧烤料，快速炒匀，关火。

按"米饭饼—生菜—肉片—生菜—米饭饼"的顺序组合成米饭汉堡。

电饭锅菜饭

📋 原料

大米 1杯
广式腊肠 1根半
胡萝卜 1/3根
青豆 150克
水发香菇 4朵

🫙 调料

香油 .... 少许
盐 1/2茶匙
鸡粉 1/4茶匙
黑胡椒粉 .... 适量（可选）

🍴 做法

1. 水发香菇用温水浸泡至变软，切丁。青豆洗净，胡萝卜、广式腊肠均切成细丁，大米淘洗干净。
2. 电饭锅中滴入少许香油，放香菇丁和腊肠丁，按下"煮饭"键，盖上锅盖煎约2分钟，将腊肠中的油脂煎出。
3. 放入青豆、胡萝卜丁、盐、鸡粉炒匀。
4. 放入洗净的大米，用锅铲拌匀。
5. 加入适量清水，水刚没过锅中原料即可，按下"煮饭"键，盖盖，待电锅跳至"保温"键后再焖5分钟。喜欢胡椒味道的可加入少许黑胡椒粉拌匀。

🍳 制作关键

◎ 做好菜饭的关键是煮饭的水要适量，水太少会导致菜饭干硬甚至夹生；水太多则会导致菜板软烂没有嚼头。使用不同牌子的电饭锅，要加入的水量也不同，可以根据自己的经验加以把握。

◎ 这道菜饭也可以用腊肉来煮，注意都要切成小颗粒，且不要太肥，过多的油脂吃起来会腻。

鸡蛋培根炒饭

原料

冷米饭 1大碗
鸡蛋 2个
培根 80克
洋葱 30克
胡萝卜 30克
青豌豆 30克
芹菜 50克

调料

盐 1茶匙
白糖 1/2茶匙
味精 1/4茶匙
植物油 .... 适量

制作关键

◎ 冷米饭先用生鸡蛋拌匀，可以炒出粒粒分明的米饭。

◎ 材料要按顺序入锅，这样口感才好。

做法

1. 所有材料准备好。
2. 胡萝卜、芹菜、洋葱分别洗净，切丁。
3. 培根切片。

4. 把一个鸡蛋打入米饭中。
5. 搅拌均匀，使每粒米都裹匀蛋液。
6. 另一个鸡蛋打入碗中，搅散，备用。

 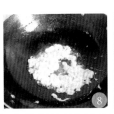 

7. 锅内放少许油烧热，把培根煸炒至变色，盛出。
8. 另起油锅，把鸡蛋炒熟盛出，备用。
9. 锅内留少许底油，下洋葱爆香。

10. 放入胡萝卜丁、青豌豆翻炒均匀。
11. 再放入冷米饭、芹菜丁、盐、白糖，翻炒2~3分钟。
12. 最后放入炒好的鸡蛋、培根，加入味精翻匀即可。

腊味煲仔饭

📄 原料

腊肉	1块
广式腊肠	2根
油菜	6棵
大米	1杯

🫙 调料

生抽	1汤匙
砂糖	1/4茶匙
炒香的萝卜干	适量

🍴 做法

1. 腊肉、广式腊肠、油菜分别洗净，备用。
2. 腊肠对半切，腊肉切段。将腊肠、腊肉放锅里蒸20分钟，取出。
3. 大米淘洗干净，放入砂锅内，再倒入1.5杯清水。
4. 将砂锅放置火上，大火煮至米汤呈浓稠状后改小火，在煮米的过程中稍微搅拌一下。
5. 把腊肠、腊肉放在蒸好的米饭上，盖上锅盖，等到米饭有裂开的声响时关火。
6. 将腊肠、腊肉取出，切薄片；油菜入沸水中焯熟。把切好的腊肠、腊肉与焯熟的油菜放入砂锅中，淋上用生抽和砂糖调成的汁即成。吃的时候，搭配一些炒香的萝卜干味道会更好。

照烧牛肉饭

原料

火锅肥牛片 200克
洋葱 1/2个
胡萝卜、西蓝花 .... 各适量
熟米饭 1碗

调料

海天生抽 2汤匙
海天老抽 1/2茶匙
黄酒 3汤匙
白糖 3/4汤匙
大蒜 2瓣
生姜 10克
色拉油 .... 适量
盐 .... 适量
香油 .... 适量

准备工作

1. 胡萝卜去皮洗净，用模具做成花形；
2. 西蓝花洗净，掰成朵；洋葱去皮，洗净，切成条；
3. 大蒜切片，生姜切丝；
4. 将海天生抽、海天老抽、黄酒、白糖放入碗内混合均匀，做成料汁。

做法

1. 锅入油，冷油放入洋葱条、蒜片、姜丝炒香。洋葱不要炒得太软。
2. 将调好的料汁倒入锅内，大火烧开后放入火锅肥牛片，炒匀。
3. 锅再次烧开后转小火，烧至汤汁浓稠、快收干时盛出，放在米饭上。
4. 将胡萝卜片、西蓝花放入加有盐和香油的开水中焯熟，捞出，摆放在碗边即可。

台湾油饭

📋 原料

猪瘦肉 100克
干香菇 12朵
干鱿鱼 1条
糯米 2杯

🫙 调料

A
生抽 1/2茶匙
料酒、色拉油 各1茶匙

B
香油 1汤匙
生抽 3汤匙
黑胡椒粉、鸡精、盐
.... 各1/4茶匙
老抽、米酒 各1茶匙
红葱头碎 .... 少许
色拉油 2汤匙

🥣 准备工作

1.先用冷水将干鱿鱼浸泡4小时，糯米浸泡5~8小时；

2.干香菇用冷水浸泡20分钟后捞出洗净，再倒入原来1/3量的水浸泡2小时，第二次浸泡香菇的水不要倒掉。

🍳 制作关键

◎ 浸泡鱿鱼直接用冷水就可以，不要泡得太发。

◎ 第一次浸泡香菇，是要把香菇里的灰尘清洗干净。第二次浸泡只放少量水，水留着放入饭内，成品有香菇的香味。

🍴 做法

1. 猪瘦肉、香菇、鱿鱼分别切丝。
2. 将猪肉丝用调料A拌匀，腌制20分钟。
3. 将浸泡好的糯米沥净水，放入碗内，上锅加盖隔水蒸30分钟至熟，取出。

4. 锅内放入香油、色拉油烧热。
5. 放入红葱头碎、鱿鱼丝，翻炒均匀。
6. 再放入香菇丝，调入盐，煸炒约2分钟，盛出备用。

7. 锅留底油烧热，放入腌好的肉丝煸炒至变色。
8. 再放入炒好的鱿鱼丝、香菇丝及蒸好的糯米饭。
9. 倒入泡香菇的水（约100毫升），炒匀，水量至能将糯米炒散即可。

10. 调入生抽、老抽、米酒、黑胡椒粉、鸡精，炒至饭粒均匀上色即可。

蘑菇鸡肉焗饭

📋 原料

鸡腿	2只
马苏里拉芝士	100克
三明治芝士	1片
青豆（煮熟）	1汤匙
青、红彩椒	各半个
各种蘑菇	适量
洋葱	1/4个
熟米饭	1碗

📦 调料

A

姜片	2片
蒜片	5片
盐	1/5茶匙
色拉油	1汤匙

B

高汤	半杯
奶油白酱	2汤匙
盐	1/5茶匙
糖	1/2茶匙
咖喱粉	1茶匙

🍶 制作关键

◎ 鸡肉不用炒太久，炒熟了再下高汤略煮一下。

◎ 奶油白酱煮至浓稠就可以了，煮太久就不嫩了。没有奶油白酱的可以直接加鲜奶，用淀粉勾芡。

◎ 往烤盘里盛饭的时候不要把饭压得太紧，把汤汁都淋上去才好吃。

◎ 用微波炉做的话，高火加热约3分钟，芝士化开就可以了。

🍴 做法

  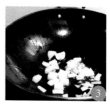

1. 鸡腿洗净，去骨切块；青、红彩椒去蒂、籽，切块；洋葱、蘑菇分别洗净，切块。
2. 锅入油烧热，放入蘑菇块、青红椒块，调入盐，略炒片刻，盛出。
3. 锅留底油，冷油放入姜片、蒜片、洋葱块，炒至出香味。

4. 再放入鸡肉块，大火煸炒片刻。
5. 倒入调料B翻炒均匀，盖上锅盖。
6. 焖煮至汤汁变得浓稠。

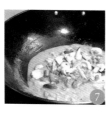 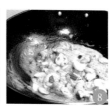 

7. 倒入青豆、炒好的蘑菇块、青红椒块、鸡肉块。
8. 炒拌均匀，盛出备用。
9. 将熟米饭放入烤盘内，用筷子拨松散。

10. 铺上炒好的原料。
11. 将撕成小块的马苏里拉芝士、三明治芝士铺在上面。
12. 烤箱预热至200℃，放入烤盘，中层、上下火烤15~20分钟，至表面芝士化开即可。

土豆咖喱鸡盖饭

咖喱的主要成分是姜黄粉、川花椒、八角、胡椒、桂皮、丁香和芫荽籽等含有辛辣味的香料，能促进唾液和胃液的分泌，促进胃肠蠕动，增强食欲。

📋 原料

鸡腿	2只（约800克）
胡萝卜	100克
土豆	200克
芹菜	40克
热米饭	1碗

🫙 调料

盐	1茶匙
干淀粉	2茶匙
胡椒粉	1/4茶匙
黄酒	1汤匙
大葱	5克
生姜	4克
大蒜	3克
咖喱块	50克
植物油	2汤匙

🍯 制作关键

◎ 芹菜最后放，才不会变黄。

◎ 放入咖喱块以后锅内的汤汁会变得浓稠，所以要不停翻动以免煳底。

🍴 做法

1. 鸡腿洗净，放到案板上，剔除腿骨。
2. 胡萝卜、土豆切丁。大葱、生姜、大蒜切片。芹菜切丁。
3. 鸡腿肉切成小块，放入干淀粉、胡椒粉、黄酒，用手抓匀，腌5分钟入味。
4. 锅烧热入油，爆香葱姜蒜片，放入鸡块略炒。
5. 再放入土豆丁和胡萝卜丁，翻炒至鸡肉变色。
6. 加入盐和适量水，大火烧开，转中火煮10分钟。
7. 再放入咖喱块，小火煮5分钟。
8. 加入芹菜丁，再煮2分钟出锅，浇在热米饭上即可。

香煎鸡腿盖饭

📄 原料

鸡腿 .... 2只（约950克）
米饭 .... 适量

🫙 调料

蚝油 2汤匙
橄榄油 1汤匙
盐 .... $1\frac{1}{2}$茶匙
白糖 2茶匙
老抽 1茶匙
料酒 2汤匙
胡椒粉 1/2茶匙
葱 10克
姜 5克

🍯 制作关键

◎ 鸡肉放入冰箱内腌制 24 小时可以保证鸡肉内部入味均匀。

◎ 鸡肉比较厚，一定要用小火来煎制，这样才能保证煎好后皮酥肉嫩。

🍴 做法

1. 鸡腿清洗干净，用刀把腿骨剔出来，再在肉厚的地方划几刀。葱、姜切片。
2. 鸡腿放入大碗中，放入葱姜片、盐、蚝油、白糖、老抽、胡椒粉、料酒，抓匀，使调料裹匀鸡肉。
3. 把盛鸡肉的碗用保鲜膜封好，放入冰箱腌制24小时，中间取出翻动2次。
4. 锅烧热，放入少许橄榄油，把鸡腿皮朝下放入锅内，小火煎至鸡皮微黄。
5. 鸡腿肉翻面，加盖，用小火继续煎制。
6. 煎至鸡腿肉两面金黄、熟透时取出，斜切成片，放到米饭上，再浇些汤汁即可。

大米燕麦花生粥

原料

大米 40克

小米 10克

燕麦 30克

花生 400克

制作关键

◎ 煮好的粥不要立即开盖，
闷10分钟以后再吃更浓稠。

做法

1. 所有材料放入大碗中。

2. 用清水淘洗干净。

3. 把洗净的材料放入高压锅内，加入适量水。

4. 大火烧开，扣上锅盖，转小火煮20分钟即可。

香甜幼滑南瓜粥

📋 原料

南瓜 250克
干淀粉 2汤匙

🍴 做法

🎛 制作关键

◎ 用食品加工机打出的南瓜泥很细腻。

◎ 淀粉的量可以适度调整，只要南瓜粥变浓稠就可以了。

1. 南瓜去皮，切滚刀块。
2. 南瓜块放入蒸锅中蒸软。
3. 蒸好的南瓜放入食品加工机中打成南瓜泥。
4. 南瓜泥放入锅内，加入适量水，大火烧开。
5. 干淀粉加少许水调成水淀粉，放入锅内搅拌均匀。
6. 再煮1分钟即可关火。

蟹黄北极虾咸味八宝粥

原料

小米、糙米、玉米楂、高粱米、燕麦、白芝麻、黏高粱米、薏米仁、花生米
.... 各1汤匙
糯米 2汤匙
大米 3汤匙
栗子 30克
海米、干贝、蟹黄、生姜
.... 各10克
北极虾 50克

调料

盐 1茶匙
胡椒粉 1/2茶匙
料酒 2茶匙
香油 2茶匙
鸡粉 1茶匙
葱末 .... 适量

制作关键

◎ 高压锅上汽以后一定要转小火，免得出危险。

◎ 北极虾和蟹黄一定要最后放入，才能保持鲜美的味道。

做法

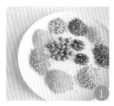  

1. 小米、糙米、玉米楂、高粱米、燕麦、白芝麻、黏高粱米、薏米仁、花生米等准备好。
2. 糯米、大米、栗子、海米、干贝、蟹黄、北极虾、生姜准备好。
3. 将步骤1的材料和步骤2中的米类淘洗干净。

4. 将步骤3中的材料放入高压锅内。
5. 栗子洗净，也放入锅内。
6. 再把洗净的海米和干贝放入锅内。

7. 然后放入切成片的生姜。
8. 加入1000毫升水。
9. 再放入料酒。

10. 加盖大火烧开，转小火煮30分钟，关火闷10分钟。
11. 开盖，放入北极虾和蟹黄，不加盖大火煮2分钟。
12. 加入葱末、盐、胡椒粉、香油、鸡粉调匀即可。

香菇滑鸡粥

原料

大米 100克
鸡胸肉 100克
香菇 80克
生菜 20克

调料

盐 3/4茶匙
鸡粉 1/4茶匙
香油 1茶匙
植物油 1茶匙
干淀粉 1茶匙
胡椒粉 1/4茶匙
料酒 1茶匙
蛋清 .... 适量

制作关键

◎粥要煮得黏稠一些，用高压锅比较省时省力。

◎鸡肉入锅以后煮的时间不要过长，否则口感发柴。

◎放入生菜后立即关火，时间长了，生菜会变色不美观。

做法

1. 大米洗净，入高压锅，加植物油和1000毫升水，大火烧开，加盖小火煮20分钟，焖5分钟。
2. 鸡胸肉和香菇分别洗净。
3. 香菇切片，生菜切丝。
4. 鸡肉切丝，用蛋清、干淀粉、料酒抓匀，腌制5分钟。
5. 把香菇片放入锅内。
6. 将鸡肉丝也放入锅内滑散，煮3分钟。
7. 放入生菜丝。
8. 粥中加盐、香油、鸡粉、胡椒粉调匀即可。

咸蛋白菠菜粥

原料

大米 50克
糯米 50克
咸鸭蛋白 40克
菠菜 50克

调料

鸡精、胡椒粉、香油各适量

制作关键

◎大米和糯米提前浸泡1小时，既可以节约煮粥的时间，节省火力，又可以使煮出的粥更黏稠。

◎粥一定要煮到黏稠才好。

◎咸鸭蛋白已经很咸了，所以粥里不必另外加盐。

◎此粥可供早晚餐温热服食，有滋阴养血、降压、润燥的功效。

做法

1. 大米和糯米洗净后放入锅内浸泡1小时。
2. 高压锅放在火上，不加盖，开大火煮开。
3. 转小火，加盖煮20分钟至粥黏稠。
4. 咸蛋白切丁，菠菜切丝。
5. 高压锅开盖，放入咸蛋白煮5分钟。
6. 放入菠菜丝后关火，用粥的高温把菠菜烫熟，放入胡椒粉、香油和鸡精调匀即可。

海红蟹粥

蟹乃食中珍味，素有"一盘蟹，顶桌菜"
的民谚。它不但味美，而且营养丰富，蟹
肉含蛋白质、脂肪、维生素、烟酸、钙、
磷、铁及谷氨酸等多种营养成分，是一种
高蛋白的补品。

📄 原料

海红蟹..........2只（约300克）

大米 100克

🍶 调料

花生油 1茶匙

盐 1茶匙

胡椒粉 1/2茶匙

鸡粉 1/2茶匙

香油 1茶匙

生姜 3片

🍴 做法

1. 海红蟹清洗干净。
2. 大米放入碗中洗净。
3. 把大米放入高压锅内，加入花生油和1000毫升水，大火烧开。

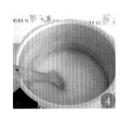  

4. 加盖转小火煮20分钟再焖10分钟，至高压锅内无压力时开盖。
5. 把海红蟹的腿全部掰掉，脐部掰掉不用。
6. 打开蟹壳。

7. 去掉蟹鳃和内脏，把蟹切成4块。
8. 用刀拍几下蟹钳。
9. 把处理好的蟹块和生姜放入煮好的粥内。

🦀 制作关键

◎ 螃蟹一定要吃新鲜的，食用变质的螃蟹会引发中毒。

◎ 粥中放入螃蟹以后，煮的时间不宜过长，否则口感会变差。

10. 加入盐，小火煮5分钟，加胡椒粉、香油、鸡粉调匀即可。

果脯花生粽子

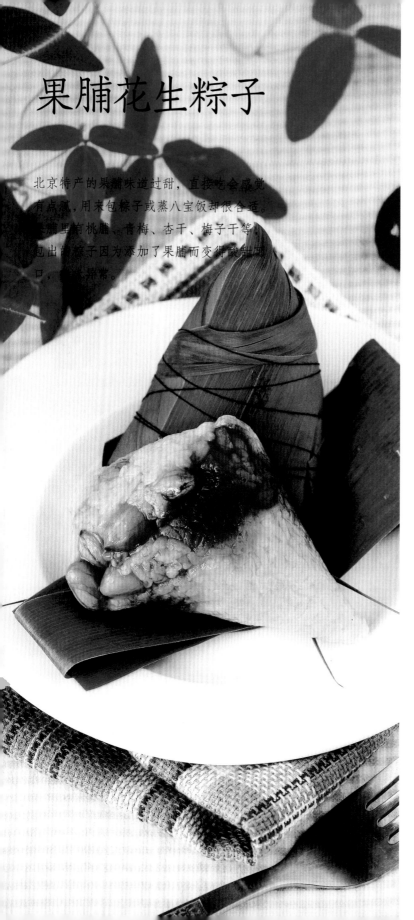

北京特产的果脯味道过甜，直接吃会感觉有点腻，用来包粽子或蒸八宝饭却很合适。果脯里有桃脯、青梅、杏干、梅子干等，包出的粽子因为添加了果脯而变得酸甜可口，美味异常。

原料

糯米 500克
花生米 100克
北京果脯 100克
鲜芦苇叶 .... 适量

制作关键

◎ 果脯洗净即可使用，无需浸泡，以免香甜味道流失。

◎ 煮好的粽子不要立即取出，再继续闷制1小时会更加软糯。

🍴 做法

① 糯米洗净，用清水浸泡4小时以上。

② 花生米也用清水浸泡至充分涨发。

③ 果脯清洗干净，放入碗中。

④ 鲜芦苇叶放入开水锅内烫软，备用。

⑤ 用剪刀把苇叶顶部硬的部分剪掉。

⑥ 取两片剪好的苇叶，并排在一起。

⑦ 把苇叶弯折成漏斗形。

⑧ 先放入少许糯米，再放入果脯。

⑨ 盖一层糯米，再放几粒花生米。

⑩ 最后用糯米填满。

⑪ 用左手的虎口把苇叶捏出一个角。

⑫ 弯折多余的苇叶，覆盖住"漏斗"口。

⑬ 用手捏紧粽子。

⑭ 用线绳捆扎结实，一个粽子就包好了。依次把所有粽子包好。

⑮ 包好的粽子放入大锅内，加足量的水。

⑯ 用箅子压住粽子，箅子上压一个装满水的大碗，大火烧开，转小火煮2小时，再关火闷1小时。

排骨蛋黄粽子

这是我独创的一款粽子，粽子一
迫不及待地打开它，只见糯米红
托在手中感觉是那样软糯，排骨
面而来，一口咬下去，香香的排
黄的味道立即弥散在口中，这味道实在太
完美了！

📄 **原料**

长粒糯米 1000克
猪小肋排骨 500克
咸蛋黄 20个
鲜芦苇叶 .... 适量

🏺 **调料**

姜片 10克
大葱片 30克
花椒 2克
小茴香籽 1克
盐 2茶匙
料酒 1汤匙
酱油 3汤匙
白糖 2茶匙
胡椒粉 3/4茶匙
玫瑰腐乳 1块
熟植物油 1汤匙
白酒 1茶匙
味精 1/2茶匙

🦐 **制作关键**

◎ 这款粽子一定要用纯肋排。
将肋排切成2~3厘米长的段，
这样包起来比较方便，也不
会把粽叶扎破。

◎ 排骨在腌制时可翻动几次，
以便均匀入味。

◎ 粽子一定要包紧,不能漏米。

🍴 做法

将长粒糯米洗净，用清水浸泡4小时。

猪小排剁成2~3厘米长的段，洗净。

花椒和小茴香籽放入热油锅中爆香。

晾凉以后擀成碎末。

玫瑰腐乳用勺子碾碎。

排骨加大葱片、姜片、豆腐乳、盐（1茶匙）、白糖（1茶匙）、胡椒粉（1/2茶匙）、料酒、味精、酱油（2汤匙）。

用手抓匀，用保鲜膜封好，放入冰箱腌制4小时。

咸蛋黄表面洒白酒，放置10分钟。

浸泡好的糯米沥干水分，加1汤匙酱油、1茶匙盐、1茶匙白糖、1/4茶匙胡椒粉、1汤匙熟植物油拌匀。

鲜芦苇叶放入开水锅内烫至变色，捞出，用凉水过凉，用剪子把苇叶顶部硬的部分剪掉。

取三片苇叶折成漏斗形，放入少许糯米。

再分别放入1个咸蛋黄和1块排骨。

用糯米填满。

把多余的苇叶折叠，包裹成粽子生坯，用线绳扎紧。

依次把所有粽子包好，放入大锅内，加入足量清水。

用篦子压住粽子，再压一个装满水的大碗，加盖大火烧开，转小火煮3小时，关火闷1小时即可。

雨花石红豆汤圆

去过南京的人一定见到过美丽的雨花石。这道
汤圆模仿雨花石的外形，美丽的花纹绽放出绚
丽的光彩，煞是惹人喜爱。

📄 **原料**

糯米粉 120克
巧克力粉 1/2茶匙
绿茶粉 1/2茶匙
水 100克

🏺 **辅料**

豆沙馅 160克

🍡 **制作关键**

◎ 生熟糯米面团混合揉匀可
以增加面团的韧性，包馅的时
候不容易开裂。

◎ 混色时对折的次数不要过
多，以免做好的汤圆花纹太杂
乱，反而不美观。

◎ 煮汤圆时锅内一定要加足
量的水，这样煮好的汤圆外观
才会完整漂亮。

🍴 做法

将所有材料准备好。

100克水分次加到糯米粉中，拌开，再用手揉匀成糯米团。

取30克糯米面团，按扁，放入开水锅内煮约2分钟至糯米团浮起。

煮熟的糯米团与生糯米团放到一起，用手揉匀。

取1/4的糯米团，放入绿茶粉。

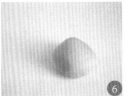

用手揉匀成为绿色面团。

另取1/4的糯米团，放入巧克力粉，揉成巧克力色面团。

将白色、绿色、巧克力色三种面团搓成条，并排放在一起。

用手搓成麻花状，对折，再搓成麻花状，再对折，反复2~3次。

把混色的面团搓成条。

分割成剂子，将剂子用手搓圆。

将豆沙馅分割成小剂子，大小和糯米面皮剂子相同，也搓圆。

糯米面皮剂子用手捏成灯盏窝的形状，中间放入豆沙馅。

用手把口收严，搓圆，再搓成长圆形。

依次把所有汤圆都做好。

锅内放入足量水烧开，逐个下入汤圆，煮至汤圆浮起，再煮1分钟后捞出即可。

桂花双色小圆子

主料

白色粉团材料

水磨糯米粉 55克
水 45克

绿色粉团材料

水磨糯米粉 55克
菠菜汁 35克
水 10克

辅料

醪糟 200克
白糖 1汤匙
桂花 .... 适量

制作关键

◎ 一定要水开以后再下入小圆子，否则容易粘锅底。

◎ 放入醪糟后煮开锅马上关火，否则醪糟中的酒精会大量挥发。

做法

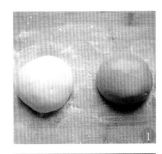
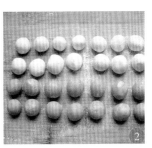

1. 分别将白色、绿色粉团材料混合，揉搓成粉团，盖湿布醒10分钟。
2. 将双色粉团分别搓成长条，分割成每个大约5克的小剂子，搓圆。
3. 锅内加足量清水烧开，放入搓好的双色小圆子煮至小圆子浮起。
4. 放入醪糟，煮开后关火，再放入白糖和桂花即可。

菠菜鸡蛋咸汤圆

📄 面团原料

糯米粉 200克
水 160克

📄 内馅原料

鸡蛋 1个
菠菜 200克
盐 1茶匙
白糖 1/2茶匙
味精、胡椒粉 各1/4茶匙
香油 1茶匙

🫙 辅料

胡萝卜片 8片

🍴 做法

1. 菠菜洗净焯水, 挤干水分, 切末。
2. 鸡蛋打散, 摊成鸡蛋皮, 切成末。
3. 所有内馅材料放入大碗中, 拌匀成馅。
4. 糯米粉加水揉成面团, 取1/10煮熟后与生面团揉匀, 搓条, 切剂。
5. 把剂子搓圆, 捏成窝状。
6. 包入馅料后收紧口。
7. 用手搓圆, 制成汤圆生坯。
8. 汤圆用胡萝卜片垫底, 放入开水锅中, 大火蒸5分钟即可。

🧴 制作关键

◎ 汤圆收口一定要紧, 千万不能漏馅。

◎ 蒸汤圆的时间不宜过长。

蔓越莓白米糕

📋 原料

黏米粉 220克
白糖 80克
无铝泡打粉 8克
蔓越莓干 5克
水 200毫升
植物油 .... 适量

🔲 特殊工具

模具 .... 数个

🔩 制作关键

◎ 米浆一定要搅匀，不能有颗粒。

◎ 蒸的时候要用大火。

◎ 糖的用量可以根据个人喜好添加。

◎ 没有蔓越莓干的话，可以用杏干、葡萄干或其他果脯来代替。

🍴 做法

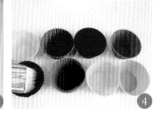

1. 所有材料准备好。
2. 黏米粉、白糖、无铝泡打粉放入大碗中，搅拌均匀。
3. 加入200毫升清水拌匀，调成米浆静置10分钟。
4. 模具里面刷一层油。
5. 倒入调好的米浆至模具八分满，点缀蔓越莓干。
6. 放入已经烧开的蒸锅内，大火蒸15分钟即可。

果料松糕

📋 原料

糯米粉	100克
黏米粉	100克
白糖	50克
圣女果干	10克
大杏仁	20克
水	70克

🍴 做法

① 把糯米粉、黏米粉、白糖放入盆中混匀，分次加入水，先用筷子搅匀，再用手搓匀，把颗粒搓碎。

② 拌好的松糕粉过筛2次，加盖静置10分钟。

③ 取一平盘，表面刷一层油，把米粉筛入盘中，用刮板刮平。

④ 把装好松糕粉的盘子放入蒸锅内，表面覆盖一块拧干的湿布，大火烧开，中火蒸15分钟。

⑤ 取出盘子，将松糕倒扣在案板上，晾至不烫手。

⑥ 用刀把蒸好的松糕切成长方形的片。

⑦ 圣女果干和大杏仁切粒。取一片松糕，撒上少许圣女果粒。

⑧ 按一片松糕一层果仁的顺序将4片松糕叠在一起，用重物稍压，表面撒上圣女果干和杏仁粒即可。

面类主食

—

肆

面条

花卷

花馍

馒 头

📋 原料

面粉 400克

酵母 .... 2~3克

牛奶 240克

🍳 特殊工具

玉米皮 .... 适量

🎛 制作关键

◎ 擀压法是我偶尔走捷径时用的省力揉面法。把发酵产生的气泡排得越干净,组织越紧实,吃起来就越有嚼头,越好吃!

🍴 做法

1. 牛奶和酵母混合均匀,倒入面粉,揉匀揉透成光滑(偏硬)的面团,覆盖发酵。

2. 待面团发酵至原体积的两倍大,取出。

3. 将面团放在案板上,铺撒薄面粉,用擀面杖均匀擀开。

4. 将擀好的面片对折。

5. 再均匀擀开擀薄。反复擀压—对折—擀压,直至表面光滑,看不到明显的气泡。

6. 将面片四边儿整理整齐,由一端卷起。

7. 将收口捏紧,再均匀切成5份。

8. 铺垫好玉米皮,覆盖醒发30分钟。开水上屉,大火蒸15分钟即可。

面类主食

扇贝饼夹

这种饼夹还可以做成尺寸小一些的，作为某道小炒的围边儿摆盘，或者单独盛在一个小食筐里上桌，看起来像饭店的菜品那样高级。只是整形的时候要注意，饼不能太薄，否则形状太单薄，不好看；也不能太厚，不然夹多少"馅儿"才能吃出味儿来啊？

原料

面粉 400克
酵母 3克
牛奶 260克
油 ....少许

特殊工具

三角尺或角度尺 1把

做法

  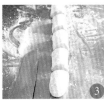

1. 酵母和牛奶混合均匀, 倒入面粉, 揉匀揉透成光滑面团。
2. 收入盆中发酵至原体积的两倍大。
3. 取出面团, 铺撒薄面粉, 将面团反复揉匀排除气泡, 最后搓成长条, 分成每个约75克重的剂子。

4. 取一个小面团, 先揉圆再略搓长, 擀开成椭圆形。
5. 在下半部分滴一滴油抹匀, 将上半部分折合过来。
6. 用尺子在表面按压均匀的平行线。

7. 调转过来, 用拇指和食指捏住中轴线的两侧。
8. 向内捏合, 同时将中间凸起的部位向下按一下。
9. 捏合处一定要捏紧。

10. 依次做完其他面团, 覆盖醒发20分钟。开水上屉, 大火蒸10分钟即可。

制作关键

◎ 扇贝饼夹, 顾名思义, 就是外形像个大扇贝。不光外形可爱, 还非常具备"包容性", 轻轻扳开扇贝的"上下壳", 塞入各种烤肉、生菜等, 保准让你吃得香喷喷。

兔子馒头

📄 主料

面粉 200克
酵母 2克
牛奶 115克

🫙 辅料

红豆 ....少许

🍲 特殊工具

玉米皮 ....数个

🧰 制作关键

◎ 这种造型的小面点，基础发酵不需要太发，否则内部气泡太多，会影响成形的效果。

◎ 最后醒发也不需要太久，发得太大虽然松软，但蒸出来的"胖兔子"就不"机灵"了。

🍴 做法

1. 酵母和牛奶混匀，倒入面粉，揉透成光滑的面团，覆盖醒发，于温暖处发酵30~40分钟，至原体积的1.5倍大小。
2. 取出面团，再充分揉匀揉透至无气孔。
3. 将面团分割成8等份，分别揉圆。

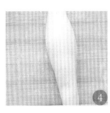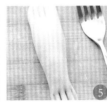

4. 取一份面团，揉成两端稍细（一头细长做头部，一头细短做耳朵），中间偏粗圆的长条。
5. 用叉子将两头压薄，用刀划出燕尾叉形，分别成为前脚和耳朵。
6. 用筷子压住前脚末端，左手捏住后面一小块面团向前压住，做出兔子的头部。

7. 再用筷子顶起耳朵后端，将身子向前蜷起。在颈部将耳朵压下。
8. 用手稍微整理一下各部位。
9. 用洗净的红豆做眼睛，便做成一只兔子。

10. 依次做完其他面团，铺垫玉米皮，醒发15分钟。开水上锅，大火蒸10分钟即可。

玉米馒头

以前我自己做的时候，是没有烫玉米面这一步的。后来吃妈妈做的玉米面馒头，总觉得比我做得好吃。一样的米面，一样的面粉 □□□□□□ 呢？请教 □□□□ 教了我这个方法，说我姥 □□□□

📋 原料

玉米面 100克

沸水 90克

面粉 200克

酵母 2克

牛奶 120克

🍴 特殊工具

玉米皮 .... 数个

🦊 制作关键

◎ 将玉米面先烫过，可以更好地去掉玉米面的生味，使玉米香味更纯正。

◎ 玉米面一定要烫透，要用沸水，而且烫好后要放凉，至少凉至37℃，才能揉入发好的面团，不然容易将酵母烫死，影响后续的发酵。

🍴 做法

1. 酵母和牛奶混合均匀，倒入面粉，揉匀揉透成光滑的面团，覆盖发酵。
2. 将玉米面中冲入沸水。
3. 边冲边快速搅匀，静置放凉。

4. 白面团发至原体积的两倍大。
5. 将发好的白面团加入烫好放凉的玉米面中。
6. 揉成面团，粘手时可以稍加点面粉，揉匀即可，再次发酵。

7. 发至两倍大后，取出。
8. 铺撒薄面粉揉面。
9. 揉匀后搓成长条，分切成8等份。

10. 铺垫好玉米皮，静置醒发20分钟。开水上屉，上汽后大火蒸10分钟即可。

全麦馒头

📄 原料

A

面粉 200克

酵母 2克

牛奶 208克

B

面粉 80克

全麦粉 80克

🍲 特殊工具

玉米皮 ....适量

🍴 做法

1. 将A中的牛奶和酵母混合均匀,倒入面粉,用筷子充分搅匀。
2. 覆盖,发酵至原体积三倍大。
3. 将B的全麦粉和面粉混合均匀,倒入发酵好的A中。
4. 先用筷子大体搅匀,再下手揉成一个光滑的面团。
5. 松弛15分钟后,分割成6等份。
6. 逐个揉成圆坯,覆盖好,温暖处醒发1小时。铺垫玉米皮,开水上屉,大火蒸15分钟,关火5分钟后再开锅即可。

杂粮卷子

有些食物单吃就好吃，有
些食物好吃与否要看怎么
搭配。这款杂粮卷，你也
可以当面包来用，切开，
略煎，搭配熟肉、生菜、
煎蛋等做成中式汉堡。

📄 原料

面粉 500克
玉米面 50克
小米面 50克
酵母 6克
牛奶 390克

🍲 特殊工具

玉米皮 ....适量

🍴 做法

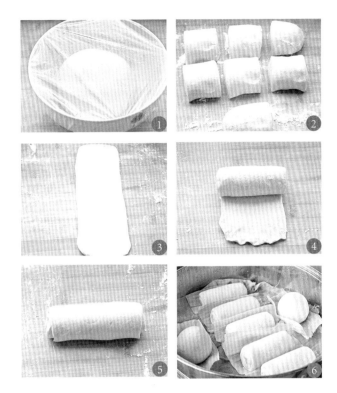

1. 将酵母和牛奶混合均匀，再倒入所有粉类，揉透成光滑面团，覆盖，放在温暖处发酵至两倍大。
2. 取出面团，充分揉出多余气泡，切成7等份。
3. 取一份面团，顺切面擀长。
4. 从上而下紧密卷起。
5. 将卷好的面片收口处捏紧。
6. 铺垫好玉米皮，醒发20分钟，开水上屉，大火蒸15分钟，关火5分钟后开锅即可。

卡通老虎

主料

A

面粉 200克
酵母 1克
南瓜泥 55克
牛奶 50克

B

面粉 200克
酵母 1克
牛奶 115克

辅料

黑豆 ....适量
化开的巧克力 ....适量

制作关键

◎ 剩下的白面团，可以做成白色的卡通虎，也可以另作他用，比如蒸其他的造型面点，或干脆就蒸成小馒头。

◎ 面团组合时，如果不易粘合，就蘸少许水，增加黏合力。

◎ 南瓜泥中所含的水分，因南瓜的品质和制熟的方法不同，可能每次都会有所差异，自己调整一下液体的用量，揉好的面团应该是稍硬的。

做法

1. 将A的南瓜泥、牛奶和酵母混合均匀，倒入面粉，再次混合均匀，揉成光滑细致的面团。
2. 同样做好B的面团（A和B的面团软硬度需一致），全部收圆入盆，覆盖。
3. 面团发酵至两倍大（不可过大）。

 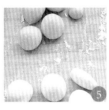 

4. 取出A面团，铺撒面粉，反复将面团揉成硬面团，且达到切面细致，无明显孔洞的程度。搓成长条。
5. 分成5个约60克1个的剂子，外加一小块剩余面团，分别揉圆。同样的方法处理B面团，用湿布覆盖好所有暂时不用的面团。
6. 取一个A面团，揉圆，稍按扁成卡通虎的头部。

7. 在A的剩余小面团上揪两小块，分别揉圆压扁，蘸少许水，粘在头的上部两侧成耳朵，再从B的剩余小面团上揪一点点，揉圆按扁，粘在耳朵内（造型时需保持光滑面朝外，成品表面才不会粗糙）。
8. 在B的剩余小面团上揪两小块，揉圆按扁，将黑豆分别粘到上面，再粘到脸上成眼睛，最后揪两小块白面团，揉成一头细一头粗的长条状，对粘成虎的胡子。
9. 依次做完其他面团，铺垫，覆盖醒发30分钟。开水上锅，大火蒸10分钟左右。出锅放凉后，用巧克力笔装饰即可。

黑米刀切花卷

杂粮粉掺入面团，大多颜色都不
漂亮，甚至更加暗淡！黑米粉则
不然，一旦掺进面团，不畏稀释、
不畏高温，会极力展现更加靓丽
的贵族颜色——紫色！

📄 原料

面粉 450克
黑米粉 50克
酵母 4克
牛奶 75克
水 230克

🫙 调料

油 1汤匙
盐 1/2茶匙

🍴 做法

1. 将牛奶、水和酵母混合均匀,倒入黑米粉和面粉搅匀并揉成光滑柔软的面团。
2. 将面团置于温暖处发酵至两倍大。
3. 取出发酵好的面团,充分揉匀排除气泡,分成2等份。取一份,揉圆后搓成长条,擀开成约7毫米厚的长方形面片。

4. 将面片从一端紧密卷起。
5. 将卷好的面片切成7等份。
6. 用刀和刮板轻轻地平行挤压切面两侧,辅助整形,铺垫好放置一边覆盖醒发。

7. 取过另一份面团,同样擀开成长方形,淋上油抹匀,撒上盐,再次抹匀。
8. 将面片卷起,切成7等份。
9. 取一份切好的面卷,用筷子横向在中间压到底。

10. 两手拽住两端,向相反的方向稍拧,然后在底部捏合。其他面卷依次做好后,铺垫好,覆盖醒发20分钟。开水上屉,大火蒸10分钟左右即可。

玉米碗蒸

📋 原料

A ....

面粉 120克

玉米面 60克

豆面 20克

酵母 2克

糖 10克

水 120克

B ....

肉丁 180克

红、绿椒 各1/3个

海鲜菇 120克

🍶 调料

葱花 10克

姜末 10克

料酒 2茶匙

生抽 2茶匙

老抽 1/2茶匙

甜面酱 1汤匙

蚝油 2茶匙

糖 1/2茶匙

油 ....适量

🍒 制作关键

◎ 塞在大面团底部的小面团蒸熟后是一个小玉米馒头，直接吃掉就可以了。

🍴 做法

1. 将原料A中的酵母和水混合均匀后，加入糖搅匀，倒入面粉，搅匀，最后倒入混合过筛的玉米面和豆面，揉成光滑柔软的面团。
2. 发酵至两倍大。
3. 取出面团，揉匀，分成20克重和48克重的剂子各5个，逐个揉圆。

4. 一大一小两个面团一组，将大的面团底部略捏凹。
5. 将小面团表面粘油，塞在大面团底部。
6. 整理两个面团贴合紧密成一个馒头生坯状。依法做完其他面团，醒发15分钟。

7. 开水上锅，大火蒸10分钟，取出后将两者掰开分离。
8. 炒锅加油烧热后，下肉丁大火炒变色，下葱花、姜末炒匀。
9. 淋入料酒，炒掉酒味，加生抽、老抽、甜面酱、蚝油、糖，小火炒上色。

10. 倒入没过原料的水，烧开后转小火煮。
11. 另起平底锅，将洗净沥干水的海鲜菇放入，小火炒五六分钟让水分散发。
12. 待步骤10中的水分剩下1/3时，加入炒好的海鲜菇再煮5分钟，最后加入切成小丁的红绿椒，煮两分钟至汁收稠。盛适量炒好的馅料到"玉米碗"里，一起食用即可。

椒盐双色卷

📄 原料

A ....

面粉 400克

酵母 .... 3~4克

牛奶 260克

B ....

面粉 400克

酵母 3克

铁棍山药 1/2根

枸杞 30粒

黄豆 2/3杯

🍲 调料

油 .... $1\frac{1}{2}$汤匙

椒盐 .... 适量

¶¶ 做法

将半根蒸熟的铁棍山药、30粒枸杞、2/3杯黄豆放入全自动豆浆机，加水至刻度线，打成豆浆，放凉，取248克用来作原料B的液体。

按照A和B的分量和面，分别揉成两个光滑柔软的面团。

发酵至两倍大。

取出发好的面团，充分揉面排除气泡后，拍成两个等大的椭圆面团。

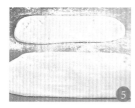

分别将两个面团均匀擀开成等大的长方形，均约5毫米厚。

将两个面片表面均匀抹油，各撒一层椒盐，再摞在一起。

四边都对齐后，从长边一端开始紧密卷起。

切成数个约2厘米宽的小段。

两个小段摞在一起，用筷子横向压到底。

双手捏住两端略抻，右手持筷子放在面剂子的背面，以筷子为中轴左手将两端捏住。

左手不动，右手捏住筷子顺时针转一圈。

转圈回来后压住左手的捏合处。

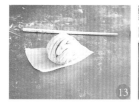

抽出筷子即成生坯。

依次做完其他面段，铺垫好，覆盖，醒发20分钟。开水上锅，上汽后大火蒸16分钟即可。

面类主食

黄金千层花卷

不管什么时候，南瓜泥做的面点都非常漂亮！层次迷人的千层卷披上金黄色的外衣，是不是更加高贵了呢？有空的时候，切开一个南瓜，去皮去瓤切片蒸熟，制成南瓜泥，分成小份儿冷冻起来，这样，用的时候就很方便了。

📋 原料

面粉 250克
酵母 ....2~3克
南瓜泥 60克
牛奶 116克

🫙 调料

油 ....适量
盐 ....适量

🍴 做法

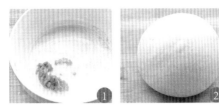

1. 将酵母、南瓜泥和牛奶混合均匀。
2. 倒入面粉，揉成光滑柔软的面团。
3. 放于温暖处发酵至两倍大。

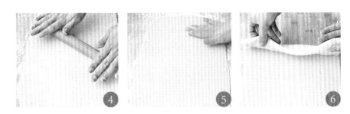

4. 取出发酵好的面团，揉掉发酵产生的大气泡。将面团擀开成长方形，厚度约5毫米。
5. 面片上淋油抹匀，再撒上盐抹匀。
6. 顺长边叠起。

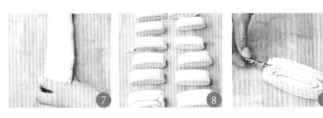

7. 将收口整齐捏紧。
8. 切成数个2~3厘米宽的小段。
9. 两段摞在一起，用筷子横向在中间压到底。

10. 用手捏住两端，向相反方向拧出漂亮整齐的花纹层次。
11. 在底部捏合。
12. 铺垫后并排整齐堆放，醒发20分钟。开水上屉，大火蒸15分钟即可。

双色花卷

面团里添加了不同的原料，发酵速度会略有差异。差一星半点的倒也没关系，如果速度差得较明显，你需要人为地调整一下面团的环境，比如，发得稍慢的面团放在暖和的地方，发得快的则放在阴凉的地方，总之室内的温度是不可能处处一样的。

📄 原料

🫙 调料

🍴 做法

1. 分别将A和B揉匀揉透成光滑柔软的面团, 收圆入盆, 覆盖保鲜膜, 发酵至两倍大。
2. 取出两个面团, 分别揉匀, 将气泡排除, 擀开擀薄成同样大小的长方形。分别淋上油, 抹匀, 再撒上盐, 抹匀。
3. 将两个面片摞在一起, 将边缘整理对齐。

4. 从一头开始叠起, 收口捏紧。
5. 分切成数个约3厘米宽的小段。
6. 取一小段, 用筷子纵向压一下。

7. 双手大拇指压住轴心, 使面团对折一下。
8. 双手捏住两端, 分别向相反的方向转一圈, 露出漂亮的花纹, 层次朝外。
9. 再将两端捏在一起, 收于底部。

10. 铺垫, 醒发20分钟, 开水上屉, 大火蒸10分钟即可。

螳螂卷

喜欢摆弄面团，有了想法就做，做起来也不难，难的却是取名字。第一次做这个的时候，做完了也不知道该叫什么，就先拿去蒸熟，于是喊来老公尝一尝，他看了一眼就说，这不是螳螂么，就叫"螳螂卷"吧。于是，再做的时候就有目的地改良造型了。

📄 原料

A

面粉 100克
酵母 1克
牛奶 65克

B

面粉 70克
玉米面 20克
小米面 10克
酵母 1克
牛奶 65克

C

面粉 70克
黑米面 30克
酵母 1克
牛奶 65克

🫙 调料

油 ....适量
白糖 ....适量

🍴 做法

1. 取三个盆，分别将三份面团的酵母和牛奶混合均匀。
2. 再倒入各自的粉，分别揉成光滑面团。
3. 发酵至两倍大。

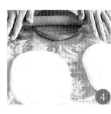  

4. 取出三份面团，稍揉一下，分别擀开成等大的长方形。
5. 在每一层上抹上适量油，撒上适量糖。
6. 将三个面片对齐摞起来。

7. 再轻轻擀开摞齐的面片。
8. 将擀好的面片边缘整理好后，由一端开始卷起，收口捏紧。
9. 用利刀以45°角正反交叉切开成近似三角形。

10. 用筷子顺中轴线压一下，大头用力要轻，小头略重一些。醒发20分钟，开水上屉，大火蒸13分钟即成。

黑芝麻葱油条卷

很喜欢这种小花卷，一根
面，一挑，一扭，一压，
就那么神奇地扭出了它的婀
娜。而且，给孩子做，做得
小一点，造型更加别致可爱。

📋 原料

面粉 400克
酵母 4克
牛奶 250克

🫙 调料

葱花 ....适量
黑芝麻............................1汤匙
盐 1茶匙
油 2汤匙

🔖 制作关键

◎ 面团不要太软，发得不要太大，不然切面时会粘，而且不利于成形。

🍴 做法

1. 酵母和牛奶混匀，倒入面粉，揉成光滑的面团，发酵至两倍大。
2. 取出面团，揉匀揉透排除气泡，搓成长粗条。
3. 擀开成长方形（宽15厘米左右），均切成约7毫米宽的条。

4. 在面条上刷上油。
5. 均匀撒上盐、葱花和黑芝麻。
6. 8根为一组，用筷子从面条下方穿过，将面条从中间位置挑起。

7. 左手捏住面条两端，轻轻抻一抻。
8. 右手将筷子纵向拧1~2圈，将面条缠绕起来。
9. 再将筷子横向拧1圈，拧到底部压住左手端，抽出筷子。其他面条依此法处理，做好后醒发20分钟，开水上锅，大火蒸10分钟左右即可。

盘丝煎卷

📄 原料

面粉 400克

酵母 ....4~5克

牛奶 260克

🫙 调料

盐..................................1茶匙

油..................................2汤匙

🍱 特殊工具

电饼铛 1台

🍴 做法

1. 酵母和牛奶混合均匀，倒入面粉，揉成光滑柔软的面团，发酵至两倍大。
2. 将发好的面团揉匀揉透排除大气泡，擀开擀薄成长方形，切成约7毫米宽的细条状。
3. 在切好的面条上刷油。

4. 再均匀地撒盐。
5. 以7~8根为一组，捏住两端轻轻抻长。
6. 以手指为轴缠绕着盘一周。

7. 继续缠绕直至缠绕完。
8. 绕好后抽出手指，将面卷放在案板上。
9. 整理下形状，用手掌轻轻按扁。剩余面条依此法全部做好后，醒发20~30分钟。

🍯 制作关键

◎ 切条的时候可以用利刀，但如果有轮刀（如图2所示）则更方便，切的时候不容易粘连。

◎ 最后醒发要充足一些，因为电饼铛加热属于高温快速加热，如果醒发不充足，会夹生。

10. 电饼铛上下面分别抹油，油热后放入饼坯，煎至两面金黄，按压侧面有弹性即可出锅。

肉卷

📋 原料

面粉 300克
小葱碎 50克
猪颈背肉 190克
酵母 3克
牛奶 200克

🍶 调料

料酒 1茶匙
生抽 1茶匙
老抽 1/2茶匙
蚝油 2茶匙
五香粉 1/4茶匙
盐 1/2茶匙
蛋清 1汤匙
生粉 1茶匙
香油 1茶匙

🍴 做法

1. 将牛奶和酵母混合均匀，倒入面粉，揉成光滑柔软的面团，于温暖处发酵至两倍大。
2. 猪肉剁成肉馅，加入料酒、生抽、老抽、蚝油、五香粉、盐和蛋清，搅拌均匀。加入生粉搅匀，再倒入香油拌匀。
3. 面发好后，从盆中取出，揉掉气泡。擀成约5毫米厚的长方形，分切成两份。
4. 将小葱碎和肉馅混合拌匀。
5. 将拌好的馅料均匀地涂抹在面皮上。
6. 由上而下卷起。两份都做完后，醒发30分钟，开水上锅，大火蒸12分钟。取出切块即可食用。

豆沙猪宝贝

📄 主料

面粉 250克
酵母 2克
牛奶 128克

🫙 辅料

豆沙馅 ....适量
南乳 1/2茶匙
黑芝麻 ....适量

🍴 做法

1. 用酵母、牛奶和200克面粉制成发酵面团，揉匀揉透后，取一小块面团（约5克），加入南乳。剩余的面粉用作薄面。
2. 如果粘手可以撒少许面粉辅助揉匀，制成粉色面团。
3. 将剩余白面团揉成长条，分切成若干个小剂子。
4. 将面剂子擀开，放上豆沙馅。
5. 包成圆包，收圆。
6. 将粉色面团擀成薄片，切条后改刀成小三角状。另将部分小粉面团捏成椭圆形，备用。
7. 将椭圆面团及两个小三角面团粘在豆沙包上，捅两个洞作鼻子，再粘两粒黑芝麻作眼睛。
8. 醒发10分钟，开水上屉，大火蒸8分钟即可。

红糖弯月包

📄 主料

面粉 300克
酵母 3克
牛奶 190克

🫙 辅料

红糖 3汤匙
面粉 1茶匙

🍴 做法

1. 酵母和牛奶混匀，倒入面粉，揉成光滑柔软的面团，发酵至两倍大，取出，再充分揉面，排出多余气泡。
2. 将面团揉成均匀的粗条形。
3. 分切成6等份。

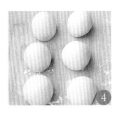

4. 将小面团逐个揉圆，覆盖好。
5. 将辅料中的红糖和面粉混合均匀制成红糖馅。
6. 取一个面团，均匀擀开成厚7毫米的圆饼。

7. 放上1/6的红糖馅，将饼对折，右手将一角捏合。
8. 用左手拇指和食指折叠外侧的面皮。
9. 右手拇指和食指负责将内外面皮捏合。

10. 两手依次按8~9的做法前进。
11. 捏出一面的褶子，将收口捏紧。
12. 依次做完其他面团，铺垫好，醒发20分钟。开水上锅，大火蒸13分钟即可。

🍚 制作关键

◎ 红糖中加入面粉，是为了降低红糖的流动性，防止受热爆溅。面粉的量不要太多，这样红糖还可以保持流动性，面粉过多，红糖会凝结，就不会吃到诱人的"糖汁儿"了。

◎ 实在不会捏褶，可以包成红糖三角包。

面类主食

白菜酱肉包

📄 原料

A ....面皮

面粉 400克
酵母 4克
水 210克

B ....馅料

猪后腿肉 250克
大白菜 620克
　　　　　　（脱水后450克）

🫙 调料

干面酱 1汤匙
水 2汤匙
生抽 1茶匙
姜末 1茶匙
油 1汤匙
葱花 2汤匙
盐 ....$1\frac{1}{2}$茶匙
香油 1茶匙

🍲 制作关键

◎ 新鲜的大白菜并不好吃，和红薯一样，它们都需要"困"（放置自然脱水）过才好吃，所以，春天的白菜一般比冬天要好吃。

◎ 大白菜水分含量高，事先用盐"杀"出水分，可以很好地防止拌馅时的出水现象。

🍴 做法

1. 酵母和水混合均匀，倒入面粉，揉匀揉透成光滑的面团，覆盖发酵至两倍大。
2. 猪肉切1厘米见方的小丁，放入盆中，加入姜末、生抽。
3. 再将肉丁中加入用水调开的干面酱，拌开至顺滑（如果干涩，可以补充少许水，但不要太多），加入香油，拌匀，腌制30分钟。

4. 大白菜洗净，切成1厘米见方的丁（包括叶子和白菜帮），放入大盆中，撒入1/2茶匙盐，用手抓匀，静置15分钟。
5. 将白菜丁装入纱布中，攥掉那部分容易释出的水分。
6. 将白菜丁、葱花和猪肉混合，调入1茶匙盐和油。

7. 取一份面团，擀成约5毫米厚的圆形或椭圆形面皮。
8. 将发酵好的面团用力揉匀，排除气泡，搓成长条，分切成9份。放上馅料，将面皮对合一下。
9. 右手先将右端对角捏紧。

10. 再拇指食指分别收褶儿至左端，同时，左手拇指将馅儿向内推，最后将收口捏紧。依次做完所有，醒发20分钟。开水上锅，大火蒸18分钟即可。

萝卜洋葱大包

📋 原料

面粉 400克
酵母 4克
水 220克
青萝卜 400克
洋葱 120克
五花绞肉 120克

🫙 调料

料酒 1茶匙
姜末 ....$1\frac{1}{2}$茶匙
生抽 1茶匙
老抽 1/2茶匙
盐 1茶匙
虾皮粉 1茶匙
油 2茶匙
香油 1茶匙

🍱 特殊工具

多功能料理机 1台

🍲 制作关键

◎ 家有料理机，做馅儿既快
又方便。如果买回来的是大块
肉，要先在料理机里把肉绞成
肉馅。

◎ 不必太早调馅，发酵快完成
前十分钟再调就来得及。调馅
太早容易出水，不过出水也没
问题，用筷子搅匀就好了。

🍴 做法

1. 水和酵母混合均匀，倒入面粉，揉成光滑柔软的面团，覆盖
   发酵。
2. 萝卜洗净，擦丝（不喜欢萝卜味儿的，此处可以多加一步：将
   萝卜丝放入沸水中焯煮1分钟，捞出过凉，挤干）。
3. 洋葱切大块，放入料理机，打碎。

4. 再将萝卜丝放入，略打碎。
5. 放入绞肉、姜末。
6. 调入料酒、生抽、老抽、盐、虾皮粉、油和香油。

7. 搅打均匀成馅料（搅匀即可）。
8. 面团发酵至两倍大。
9. 将发好的面团取出，充分揉面排除气泡，搓成长条，分切成
   约70克/个的剂子。

10. 将面剂擀开成圆形面皮，放上馅料。
11. 对折后从一端开始捏上褶子。
12. 收口捏紧，铺垫好。全部做好后，覆盖醒发20分钟，开水上
    锅，大火蒸16分钟即可。

面类主食

酱肉小包

这款小包，很受孩子喜
欢，馅儿实在，肉香酱浓，
好吃得让人流口水。

📄 原料

A	面料
面粉	400克
酵母	3克
牛奶	260克

B	馅料
猪前肘肉	360克
香菇	100克
小香葱	60克

🫙 调料

葱	4小段
姜	2片
八角	2个
姜末	1/2茶匙
生粉	1茶匙
黄豆酱	2汤匙
甜面酱	1汤匙
老抽	1茶匙
油	适量

🍴 做法

1. 将酵母和牛奶混合均匀,倒入面粉,揉成光滑面团,覆盖,发酵至两倍大。
2. 将猪肉清洗干净,锅中烧开水,将猪肉放入,加入葱段、姜片、八角,中火煮30分钟。
3. 将猪肉捞出略放凉。盛出约2汤匙肉汤(撇掉浮油),放凉后加入生粉搅匀成芡汁。

4. 香菇洗净去蒂,切丁。小香葱洗净,切碎。将猪肉瘦肉和肥肉部分分别切丁。
5. 锅中倒入少量油,烧热后,倒入肥肉丁,小火煸炒至肥油释出,肉丁略有焦色,将肥油倒出不要,肉丁留在锅里。
6. 锅中继续倒入瘦肉丁和香菇丁。

7. 翻炒1分钟后,倒入小葱碎、姜末、黄豆酱和甜面酱,并加入老抽调色,翻炒均匀,一点点淋入肉汤芡汁,润滑即可,不可太稀。
8. 关火,盛出放凉成馅料。
9. 将发酵好的面团取出,再充分揉面,排出发酵产生的大气泡。揉成长条,分切成30克左右的小剂子。

10. 逐个擀成圆形面皮。
11. 包入调好的肉馅。
12. 提褶儿捏成圆包。醒发15~20分钟,开水上锅,大火蒸10分钟即可。

全麦菌菇酱肉包

📄 原料

面粉 450克

全麦粉 50克

酵母 5克

水 265克

猪绞肉 250克

平菇 210克

杏鲍菇 220克

金针菇 50克

小葱 40克

🍶 调料

料酒 1汤匙

生抽 1汤匙

老抽 1汤匙

蚝油 2汤匙

甜面酱 2汤匙

盐 1/2茶匙

淀粉 1汤匙

油 ....适量

🍴 做法

1. 酵母和水混合均匀,先倒入全麦粉混合均匀,再倒入面粉,揉成光滑柔软的面团。

2. 平菇、杏鲍菇和金针菇分别洗净,切成小粒,分别装在三个可以进微波炉的平盘里。分别送进微波炉,平菇和杏鲍菇粒各高火加热4分钟,金针菇高火加热1分钟,取出后滗掉水分,先放凉。

3. 小葱切成葱花,放进碗里,倒入2汤匙油,拌匀,放在一边静置半小时入味。

4. 将放凉的菇粒充分挤干水分,倒入炒锅,开火,小火炒干。

5. 炒至菇粒边缘微黄时,喷入少许油,继续煸炒均匀,关火放凉。

6. 绞肉中加入料酒、生抽、老抽、蚝油、甜面酱,边适量加水边搅打上劲,至肉馅能顺利搅开,加入淀粉,拌匀。

7. 面团发酵完毕,取出充分揉匀排气。

8. 将菇粒和油浸葱花一起倒入肉馅中。

9. 调入盐,搅拌均匀。

10. 将揉好的面团搓成长条,均匀分切成若干个剂子,分别擀成圆皮,包入适量馅料。

11. 提褶儿捏成圆包。全部做完后,覆盖醒发30分钟,开水上锅,大火蒸15分钟左右(视包子大小而定)即可。

鲜肉菠菜烫面包

初春的菠菜是最鲜嫩的，凉拌、做汤都好吃。进入四月份，天气一暖和，地里的菠菜疯长起来，吃都吃不完。这时候的菠菜进入"老年期"，无论凉拌还是做汤，味道都差很多了。于是，包包子！这是解决老菠菜的最好方法之一，而且消耗快！

📋 原料

面粉	400克
开水	180克
凉水	60克
菠菜	1000克
韭菜	160克
猪绞肉	300克

🫙 调料

小葱（切碎）	3根
姜末	2茶匙
料酒	1汤匙
生抽	2汤匙
盐	2茶匙
油	2~3汤匙
香油	1汤匙

🔧 制作关键

◎用来做馅儿的菠菜尽量选择粗壮、稍老一些的菠菜，在后期处理的过程中不容易烂掉，能保持口感。

◎菠菜焯烫并过凉水冲洗后可以去除草酸和涩味，但菠菜难免湿湿的，所以先将菠菜尽量挤干水分，再过油炒一下，尽可能去除湿气，这样口感会好很多。

🍴 做法

1. 面粉倒入盆里，边将烧开的沸水冲入，边快速用筷子搅拌均匀，最后将凉水分次加入，用手将面团揉匀，覆盖松弛20分钟。
2. 菠菜洗净，放入沸开的水中焯烫一下（半分钟左右），捞出过凉水，再挤干水分（尽量挤干），切碎。
3. 炒锅中倒入炒菜量的油，倒入菠菜碎炒干，并加入1/2茶匙盐，炒匀，关火，放凉。

4. 肉馅中加入小葱碎、姜末、料酒、生抽、1/2茶匙盐，边搅拌边一点点地加入适量水，直至肉馅搅拌着不费力即可，倒入香油拌匀，腌制20分钟。
5. 韭菜择洗干净，切碎，和凉透的菠菜碎一起加入肉馅中，调入1茶匙盐，拌匀成馅料。
6. 将面团搓成长条。

7. 分切成若干个25克/个的小剂子，擀成圆形薄面皮。
8. 面皮内盛入馅料。
9. 面皮对折后，右手从一端开始左右交叉捏成柳叶包。

10. 全部做完后，开水上锅，上汽后大火蒸12分钟即可。

豇豆小笼包

📄 **原料**

低筋面粉 300克

沸水 240克

猪绞肉 200克

豇豆 200克

泡发木耳 60克

洋葱 1/2个

🫙 **调料**

姜末 1茶匙

料酒 2茶匙

生抽 2茶匙

老抽 1茶匙

蚝油 2茶匙

生粉 1茶匙

香油 2茶匙

盐 1/2茶匙

油 1茶匙

制作关键

◎ 用沸水烫，且烫匀烫透，是口感软糯和面皮透明的前提条件。

🍴 做法

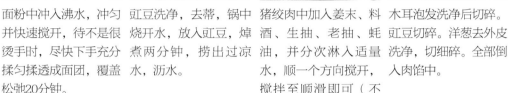

1. 面粉中冲入沸水，冲匀并快速搅开，待不是很烫手时，尽快下手充分揉匀揉透成面团，覆盖松弛20分钟。

2. 豇豆洗净，去蒂，锅中烧开水，放入豇豆，焯煮两分钟，捞出过凉水，沥水。

3. 猪绞肉中加入姜末、料酒、生抽、老抽、蚝油，并分次淋入适量水，顺一个方向搅开，搅拌至顺滑即可（不必打入太多水，否则不容易包），加入生粉搅匀，最后加入香油拌匀，静置10分钟。

4. 木耳泡发洗净后切碎。豇豆切碎。洋葱去外皮洗净，切细碎。全部倒入肉馅中。

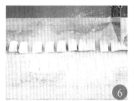

5. 肉馅中调入盐和油，顺一个方向搅匀成馅料。

6. 将烫面团搓成长条形，分切成约15克/个的小剂子。

7. 铺撒面粉防粘，充分擀薄擀开成几乎透明的圆形面皮，中央部位略厚一点。

8. 取适量馅料放在面皮中央。

9. 轻轻均匀地提褶儿捏成包子。

10. 捏合后将头部多余的面揪儿揪掉不要。

11. 铺垫好放入笼屉内，依次做完其他面团。

12. 开水上屉，大火蒸8分钟即可。

八角灯笼包

📄 主料

面粉 400克
酵母 3克
牛奶 250克

🫙 辅料

豆沙馅 ....适量

🍴 做法

1. 酵母和牛奶混合均匀, 倒入面粉, 揉成光滑的面团(偏硬), 发酵至两倍大。
2. 取出发好的面团, 充分揉匀排气, 分成7等份, 揉圆。
3. 取一个面剂, 擀圆, 包入豆沙馅, 收口并捏紧。
4. 收口朝下, 将面团整圆, 略按扁, 用夹子在侧面夹出"耳朵"。
5. 先对称夹出四个。
6. 再在每两个中间夹出一个, 共八个角。
7. 做好后略整理下形状, 铺垫好。醒发20分钟, 开水上屉, 蒸14分钟即可。可以用四根筷子蘸少许食用红色素, 在蒸好的八角包表面中央轻轻点上红印。

麻酱红糖饼

📄 原料

面粉 400克
酵母 5克
牛奶 280克

📦 调料

芝麻酱 90克
红糖 90克
色拉油 20克

🍴 做法

1. 将酵母和牛奶混合均匀,倒入面粉,充分揉匀揉透成光滑柔软的面团。
2. 覆盖发酵至两倍大。
3. 将红糖的结块擀开。

4. 将擀好的红糖倒入碗里,加入芝麻酱。
5. 把油一点点加入,边加边搅拌直至调成恰好可以流动的酱汁。
6. 将发酵好的面团取出,揉匀揉出气泡,分成3等份,松弛10分钟。取一份面团,先揉成粗长条,再拍扁,顺长条方向均匀擀开擀薄成长条形,末端留一部分擀宽。

7. 将调好的芝麻酱汁均匀抹在面皮上,留出边缘不要抹。
8. 从窄的那端开始卷起,边卷边轻轻将面皮抻一抻使面皮更薄。卷到末端宽边时,将多出的宽边分别包住各个侧面,收口捏紧。
9. 将圆柱形饼坯竖起来,用双手按住两个底面,向中间按压成圆饼。

10. 松弛10分钟后,轻轻擀开,擀薄成饼坯。
11. 醒发20分钟,平底锅烧热,倒入色拉油转开,放入饼坯,烙至两面上色均匀,按压侧面可迅速弹起即可出锅。

🛢 制作关键

◎ 芝麻酱汁调成恰好可流动的状态即可,太稠不易抹开,太稀难以操作,影响起发和最后的组织。

南瓜烙饼

📋 主料

面粉 400克
酵母 4克
牛奶 280克

🍯 辅料

南瓜馅
南瓜泥 300克
糖 35克
油 .... 适量

🍴 做法

1. 制作南瓜馅：锅烧温热，先放入南瓜泥，中小火将其中的大部分水分炒散尽，倒入糖，继续炒至南瓜泥收紧，最后倒入20克油，炒至南瓜泥可以抱团脱离锅底。

2. 关火盛入碗中，放凉，备用。

3. 酵母和牛奶混合均匀，倒入面粉，揉匀揉透成光滑柔软的面团，发酵至两倍大。

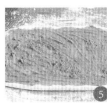

4. 取出发好的面团，用擀面杖擀开成长方形，厚度7毫米左右。

5. 均匀抹上南瓜馅（留出一点边缘不抹）。

6. 顺长边卷起。

7. 收口捏紧后，均切成4等份。

8. 取一份面卷，用虎口分别轻轻将两端捏合。

9. 然后竖起，用手掌压扁。

10. 全部做好后，松弛5分钟，再用擀面杖均匀擀至厚度1.5厘米左右，覆盖醒发20分钟。

11. 加热约半分钟后将上表面刷点油，翻面，盖上锅盖，小火烙至两面金黄（中途需翻几次面使受热均匀）即可。

🍯 制作关键

◎ 南瓜馅要掌握好炒制的火候。炒得太湿，口感不好，而且容易塌湿面团；炒得太干，又不容易铺开。

◎ 炒馅的油，可以用您喜欢的任何食用油。

锅煎胡萝卜卷

📄 原料

面粉 200克
酵母 .... 2~3克
胡萝卜泥 135克

🫙 调料

油 .... 适量
椒盐 .... 适量
炒熟黑芝麻 15克
面粉 2克
水 100克

🫙 制作关键

◎ 拧卷的时候，不要将长度拉长，否则纹路不漂亮。长度适当收拢一下，那样成形会比较好看。

◎ 面粉水是由2克面粉和100克水混合搅拌均匀而成的。加入面粉水，可以使成品底部形成一层薄脆的"冰花"脆皮，好看又好吃。

◎ 煎煮的后期，要转小火，锅里"嗞嗞"声渐渐消失，可以打开锅盖视底部上色情况，决定是否关火。

🍴 做法

1. 将胡萝卜泥和酵母混合均匀，倒入面粉，揉成光滑柔软的面团，收圆入盆。
2. 覆盖，发酵至两倍大。
3. 取出发好的面团，揉出气泡，揉好后，松弛5分钟。面团均匀擀开成长方形，厚度约5毫米。

4. 在面片上淋上油，抹匀，均匀撒上椒盐和用擀面杖擀碎的黑芝麻（如椒盐不够咸，可再撒少许盐）。
5. 顺着长边叠起，将收口捏紧。
6. 切成2~3厘米宽的小段。

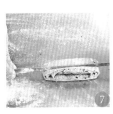  

7. 取一小面段，用筷子在中间横向压一下。
8. 两手分别捏住两端，略抻，两手向相反方向拧出条纹。
9. 将两端按压在案板上，利用黏力固定防止走形。依次做完其他面段，放在案板上覆盖醒发15分钟。

 10. 平底锅倒入油，烧热后，将生坯排放入锅，略煎，倒入面粉水，盖好锅盖，煎煮至水分收干、底部金黄结皮即可出锅。

大葱猪肉馅饼

面皮原料

面粉 200克
酵母 2克
牛奶 135克

馅料原料

猪腿肉 160克
大葱 100克

其他 ....
水 约50毫升

调料

姜汁 30毫升
老抽 1/2茶匙
五香粉 1/4茶匙
生抽 1茶匙
香油 2茶匙
盐 1茶匙
油 .... 适量

制作关键

◎ 拌肉馅时, 不要划圈搅拌, 否则肉馅上劲, 烙饼时容易流漏汤汁, 而且肉质过紧。姜汁的用量, 以将肉馅拌至润滑不干涩为宜。

做法

1. 酵母和牛奶混合均匀, 倒入面粉, 和成软面团, 反复揉(或摔打)至面团细致光滑。
2. 覆盖, 发酵。揉成的面团要够柔软, 而且面筋延展性也要好。
3. 将猪肉剁成肉馅(不必太细), 放入容器中, 加入老抽、生抽、五香粉, 再倒入姜汁, 混合均匀, 最后倒入香油, 拌匀, 腌制20分钟。将大葱洗净, 切碎, 倒入肉馅中。

 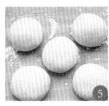 

4. 调入盐和1茶匙油, 拌匀。
5. 将发酵到两倍大的面团取出, 揉出气泡, 分成5等份, 松弛5分钟。
6. 将面团擀开成中间厚、边缘薄的圆形面片。

7. 面皮上放上馅料, 包成包子状。
8. 将收口处捏紧, 揪掉多余的厚面结。
9. 将收口朝下放置, 盖好松弛5分钟。

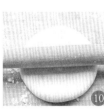  

10. 将做好的包子逐个用擀面杖轻轻擀薄成馅饼生坯, 覆盖醒发15分钟。
11. 平底锅烧热, 抹少许油, 将馅饼放入锅内。
12. 中小火煎至两面上色均匀后, 打开锅盖, 倒入约50毫升水, 盖上锅盖, 至水收干为止。待锅内的水耗干后, 打开锅盖, 将两面再煎一下, 让表皮带些脆感即可。

芝麻脆皮烤饼

出炉趁热吃（当然也别心急烫着嘴），
这饼外脆内软，搭着芝麻香，太好吃了！

- 烤饼小技巧 -

1. 面团含水量高，且一定要揉到面筋延展性很好（如图1），只有这样才能包裹住油酥，不会破酥，从而形成层次分明的饼皮。

2. 高温喷蒸汽烘烤（如图2），可以使外皮薄脆，内里柔软。高温短时烘烤可以最大程度地保留饼皮的内部水分。在面团入烤箱后，向烤箱内喷水制造蒸汽，可以增加表面湿度，从而延缓表面结皮速度，使受热胀发达到最大。这样烘烤出来的外层饼皮口感是薄脆的。

Tips

1. 面筋充分延展，还有一个好处，它的持水性好，含气量高，会降低烘烤中的水分损失，保证内部口感柔软，同时也使成品体积较大。

2. 喷蒸汽的方法：将烤盘送入烤箱的同时，用喷壶喷在炙热的烤箱内壁上，立即关上烤箱门，2~3分钟后再打开烤箱门喷一次，快速关上即可。

📄 面皮原料

高筋面粉 100克
普通面粉 100克
酵母 2克
牛奶 150克
油 12克

📄 油酥原料

面粉 5克
油 15克
盐 3克
芝麻 .... 适量

📖 制作关键

◎ 盐的用量可以根据自己的口味，若作为餐间主食，用 2~3 克盐就足够了，也可以不用。喜欢甜口的，还可以换成糖。当然，也可以换成椒盐、五香粉等辅料来变换烤饼的口味。

◎ 任何擀制的操作，如遇面筋较紧不易擀开时，千万不要硬来，静置待面筋松弛一点儿再擀就容易多了。

◎ 最后一次醒发一定要充足，不然，高温烘烤容易走形。

🍴 做法

1. 在盆中先将酵母和牛奶混合均匀，倒入高筋面粉和普通面粉，用筷子搅拌均匀，静置10分钟。用手蘸油，一点点用拳头"扎"入面团中。取出面团，将其揉成面筋延展性良好的面团，收圆入盆，发酵至两倍大。
2. 将油酥原料中的面粉、油和盐混合均匀成"油酥"。
3. 将发酵好的面团取出，轻轻擀开擀薄成长方形（在不破的前提下，尽量擀薄）。

4. 均匀刷上油酥。
5. 从一端开始叠起，宽度约5厘米，收口捏合。
6. 均分成四等份，松弛10分钟。

7. 取一份，轻轻擀开，用手的虎口将四边拢住捏紧，收成一个圆包状的生坯，收口朝下放在案板上。依次做完所有，松弛10分钟。
8. 将芝麻放在盘里，手捏住生坯底部收口处，将生坯表面蘸满芝麻。
9. 轻轻将生坯擀成圆饼。

10. 间隔排放在烤盘上，醒发30分钟，放入预热至230℃的烤箱，中层，喷水，以230℃，烤8分钟左右即可。

蜜汁鸡肉馅饼

📄 **面皮**

高筋面粉 100克
普通面粉 100克
酵母 3克
牛奶 150克
油 12克

📄 **油酥**

面粉 5克
油 15克

📄 **馅料**

鸡腿 2只
洋葱 50克
圆椒 35克
香油 2茶匙
盐 1茶匙
油 1茶匙

🫙 **调料**

蜜汁烤肉酱 2汤匙
料酒 1茶匙
生抽 1茶匙
盐 1/2茶匙
现磨黑胡椒粉 1/4茶匙

🦐 **制作关键**

◎ 如果鸡腿较大,一只就够了。

◎ 馅料要提前烤熟,因为要兼顾饼皮的口感,馅饼的烤时很短,馅儿若是生的,会烤不熟。

🍴 做法

1. 洋葱洗净，切丝。鸡腿去骨，洗净，用厨房纸擦干水。
2. 在容器中先将蜜汁烤肉酱、料酒、生抽、黑胡椒粉和1/4茶匙盐混合均匀。
3. 再放入鸡腿，混合抹匀，放入洋葱丝，抓匀，盖好放入冰箱冷藏一夜。
4. 取出鸡腿肉，鸡皮朝下，将鸡肉较厚处横向切两刀（不切断），防止烤时肉紧缩。

5. 鸡皮朝上放在烤网上，下面接铺好锡纸的烤盘。
6. 圆椒洗净，切丝，放入腌制鸡腿的容器中，和洋葱丝一起拌匀，倒入小烤盘中。烤箱200℃预热好，放入鸡腿，烤8分钟，翻面，同时把菜盘放进去，一起再烤5分钟，取出。
7. 将烤好的鸡肉切成小块，和烤好的洋葱和圆椒一起放入大碗里，调入1/4茶匙盐，混合拌匀成馅料。
8. 饼皮的做法参照p193"芝麻脆皮烤饼"第1-4步。取1份松弛好的面团，擀开，中间厚边缘薄。

9. 面皮上放上馅料。
10. 包起，收口处捏紧。
11. 做完所有，松弛10分钟，用手轻轻均匀将包坯压薄成馅饼，间隔排放在铺垫好的烤盘上，醒发30分钟。
12. 烤箱230℃预热好，烤盘入烤箱喷两次水，以230℃，烤10分钟左右即可。

Q软炸油饼

📄 原料

A

面粉 200克

酵母 4克

水 120克

B

面粉 100克

沸水 85克

C

鸡蛋 .... 1个（蛋液50克）

面粉 85克

食用碱 2克

盐 5克

糖 20克

🍳 特殊工具

面包机 1台

🎛 制作关键

◎用面包机代替手来揉面，更方便一些，没有面包机，完全可以用手揉。

◎加入烫面团的炸油饼，不仅吃起来更有嚼头，而且保湿性好，放凉后仍然柔软可口。

◎再次强调，不同面粉吸水性不同，无论酵种面团还是主面团，都需要和得很软，但不湿黏。可以通过眼观和手感根据实际情况调整水和面粉的用量。

🍴 做法

1. 将A的酵母和水混合均匀，倒入面粉，揉至面团可以出筋（我采用面包机来和面，酵母和水先在面包桶里搅匀，再倒入面粉）。
2. 和面约12分钟至面筋形成，盖好，发酵。
3. 将B的沸水边冲入面粉中，边快速搅匀，之后，揉成烫面团，放凉。

4. 待A的面团发至三倍大后，将B的烫面团撕碎放入，C的蛋液打散倒入。C的面粉、食用碱、盐和糖先混合均匀，再一起倒入。
5. 混合揉成光滑很软的面团（我用面包机，和面用了20分钟）。
6. 再次发酵至两倍大。

7. 案板上刷点油，取出面团放上，排气后，用擀面杖或手将面团（配合擀、摊、抻拉等动作）整理成均匀的长方形薄坯。
8. 将面皮先一切为二，再改刀切成三角形。
9. 覆盖，等待面皮醒发至明显鼓起（但别发过头）。

10. 锅中加足量油烧至七八成热，转小火，放入面坯，不断翻面炸至油饼鼓起，两面上色金黄，出锅沥油即可。

面类主食

197 ❯

健康油条

几年前曾在博客里发过一款"最
健康的油条"的做法，那是当初
跟姨婆婆学的，很好用的一个方
子。有很多网友至今还在照着做。
后来，我结合了做面食的经验，
历经近两年的反复实践，现在才
敢把方子公布出来！

📄 原料

A
....
高筋面粉 200克
酵母 2克
牛奶 208克

B
....
面粉 100克
食用碱 2克
盐 4克

其他
....
油 .... 适量

🐝 制作关键

◎ 做油条的面粉，要以高筋面粉为主，面筋的质量决定膨松的效果。

◎ 炸油条，要想炸出膨松起泡的效果，发酵至关重要。因为气泡是从发酵中来的，所以发酵一定要充分，宁可发酵温度稍低，时间长一些。夏天室温较高，酵母一定不要放多，冬天室温低的时候，酵母可以多用1克。

◎ 油炸时，生坯入锅的油温不能太低，否则不光影响膨胀效果，还会多吸油，油腻。当然，油温也不能过高，否则上色过快，且不利于健康。

🍴 做法

1. 将A的所有原料混合均匀（很湿黏），用筷子用力搅拌均匀并随时用刮刀把盆边的面糊刮下，混合均匀即可。
2. 覆盖保鲜膜，发酵至面团鼓起约三倍大，表面可见发酵气泡，但闻起来不酸。
3. 食用碱用刀碾细。

4. 将碾细的食用碱与B的面粉、盐充分混合均匀，倒入发酵好的A中（面粉倒进去是不下沉的，否则就是发酵过头了）。
5. 将面团混匀，揉至面筋可以延展开，收圆成光滑的面团。
6. 再次覆盖发酵至2~3倍大。

7. 案板上刷油，取出发酵好的面团，顺势抻长成长条形，用手拍的方式（或擀面杖稍加擀制）整理成长方形，厚度5毫米左右。
8. 分切成宽3厘米左右的小段。两个一组，摞起来（光滑面都朝外），醒发30分钟，至生坯明显松软并鼓胀。
9. 筷子用油先抹一下，再纵向压一下生坯。

10. 锅烧热，倒入足量的油，烧至七成热（插入筷子，马上会有小油泡上来），取一个生坯，略抻长，两头向相反方向扭一下，放入油锅，不断翻动炸至两面金黄上色均匀即可沥油出锅。

牛肉卷饼

儿子喜欢听评书，评书里常会有草莽英雄来到饭馆："小二，来两斤牛肉，二两烧酒，五张大饼……"再加上讲书人绘声绘色、活灵活现地这么一描述，哎呀，大饼卷牛肉，吃得那叫一个香，听着都直流口水！每次听完，就一个特强烈的想法——烙饼，卷牛肉！

面皮原料

面粉 200克
沸水 62克
凉水 80克

油酥原料

面粉 5克
油 15克
盐 .... 少许（或不加）

其他原料

生菜 .... 适量
酱牛肉 .... 适量
葱白 .... 适量
黄瓜 .... 适量
鸡蛋 1个

调料

甜面酱 .... 适量
辣酱 .... 适量

制作关键

◎烙好的饼出锅后，如果暂时不吃，要盖好，保湿防风干。

做法

1. 面粉中冲入沸水，快速搅匀，再加入60克凉水，和成面团后再少量多次地将另外20克凉水加入面团，成一个湿软的面团。
2. 静置10分钟，将面团摔打成一个表面光滑的面团（案板和手抹点油可以防粘），松弛20分钟。
3. 将面团先用手摊开，再用擀面杖擀开擀薄成长方形（擀面杖也要先抹上薄油，才不会粘黏）。

4. 将油酥料混合均匀成"油酥"。面皮上均匀刷上油酥。
5. 将面皮由窄的一边开始卷起。
6. 将卷好的面卷分切3等份。

7. 取一份面卷，两头捏紧，在手心将其竖向压扁成饼。其余两份依此方法做完，松弛10分钟。
8. 取一个饼坯，先按扁，再用擀面杖均匀擀开成薄薄的饼。
9. 平底锅烧热（不放油），锅热后将薄饼放入，勤翻面烙至饼鼓起，两面上了均匀的麻点色即可出锅。

10. 酱牛肉切条，生菜洗净，葱白洗净切丝，黄瓜洗净切细条。将鸡蛋摊成一张薄蛋饼。取一张饼，根据口味刷上甜面酱、辣酱，铺上薄蛋饼、生菜叶、酱牛肉条、黄瓜条、葱丝，卷起食用。

千层肉饼

📋 原料

面粉 200克

温水（50~60℃）....... 130克

五花绞肉 135克

葱 60克

油 .... 适量

水 .... 适量

🫙 调料

姜末 1茶匙

料酒 1茶匙

生抽 2茶匙

老抽 1/2茶匙

五香粉 1/4茶匙

蚝油 ....$1\frac{1}{2}$汤匙

盐 1/2茶匙

生粉 1茶匙

香油 1茶匙

🍴 做法

1. 面粉中冲入温水，搅拌均匀，揉成光滑柔软的面团，覆盖松弛30分钟以上。绞肉中加入姜末、料酒、生抽、老抽、五香粉、蚝油、盐，分次淋入少许水至可以搅拌顺滑即可，加入生粉搅匀，最后淋入香油拌匀，静置10分钟。

2. 小葱切碎，加入肉馅中，拌匀。

3. 取过面团，搓成条，一头略粗。

4. 再擀开，尽量擀薄。

5. 面皮上铺上肉馅，宽的那头留出边缘不抹。

6. 一层层叠起，边抻边叠，让面皮更薄一些。

7. 叠到宽头时，用多余的面皮包住。

8. 捏紧边缘，覆盖松弛10分钟。

9. 轻轻擀开擀薄松弛过的面饼。

10. 平底锅烧热，锅底淋少许油抹匀，放入肉饼生坯，中小火煎半分钟后，将表面刷油。

11. 将饼翻面继续煎。

12. 盖上锅盖，中途翻面，煎至两面金黄，上色均匀，面饼鼓起即可出锅。

小肉饼

原料

面粉 200克
开水（70~80℃）........ 105克
凉水 30克
猪绞肉 90克
葱 50克

调料

姜末 1/2茶匙
料酒 1茶匙
生抽 1/2茶匙
老抽 1/4茶匙
蚝油 1/2汤匙
淀粉 1/2汤匙
水 1汤匙
盐 1/4茶匙
香油 1/2茶匙

将开水冲入面粉中，快速搅匀。

用拳头蘸凉水"扎"面团。

揉成柔软的面团，松弛30分钟以上。

肉馅中加入姜末、料酒、生抽、老抽、蚝油，拌匀。

淀粉和水混合均匀后倒入肉馅中，搅拌均匀，腌制20分钟。

葱切碎，倒入肉馅中，调入盐和香油，拌匀。

取出面团，搓成粗条，按扁。

均匀擀开擀薄成四方形（面皮要尽量薄），切成4厘米宽的长条。

在每一条上均匀抹上肉馅，两边留出边缘不要抹。

从一头卷起长条，不必卷太紧，最后把接口捏紧。

将两端用手的虎口处收拢捏住，捏紧。

竖起来，用掌心压成小圆饼。

全部做好后，覆盖松弛10分钟，再逐个按扁一点，别太用力。

平底锅加热，倒入适量油转匀，油热后逐个摆入小肉饼，煎约1分钟翻面，盖上锅盖，小火煎至两面金黄，略鼓，即可出锅。

茼蒿小煎饼

📄 原料

干海米 20克
葱 10克
鸡蛋 3个
面粉 200克
开水 140克
茼蒿 200克

🫙 调料

盐 1茶匙
香油 2茶匙
油 ....适量

🍴 做法

1. *葱切碎末, 干海米切碎末。茼蒿洗净, 晾干。*
2. *将葱末、海米碎放入小碗里, 浇入五六成热的油, 搅拌均匀。*
3. *面粉中倒入开水, 搅拌均匀后揉成面团, 装入保鲜袋。*
4. *鸡蛋打散, 锅中油热后倒入 (留一汤匙蛋液不炒), 快速炒成蛋碎。*
5. *茼蒿切细碎, 将炒好的蛋碎倒入, 葱和海米油倒入, 最后淋入剩下的蛋液, 调入盐和香油, 拌匀成馅料。*
6. *面团搓成长条, 等切成20克左右的小剂子, 擀开擀薄成长方形。*
7. *靠面皮一边放上馅料。*
8. *用面皮卷住馅料, 叠起成长条包袱状, 压住收口。电饼铛加热, 两面抹油, 将生坯放入, 煎至两面上色均匀即可。*

筋饼菜卷

原料

面粉	100克
水	56克
猪肉	50克
土豆	1/2个
胡萝卜	1/2个
麻椒（或青椒）	1个
泡发木耳	50克
鸡蛋	1个

调料

葱花	适量
盐	3/4茶匙
料酒	2茶匙
生抽	2茶匙
胡椒粉	1/4茶匙
油	适量

制作关键

◎冷水和面制成的筋饼口感筋道，包容性强，也不容易塌湿。为了保证口感柔软不干硬，有四个要点需注意：①面团水分要多一些；②饼皮要擀到足够薄；③锅要热，烙时要短；④出锅马上覆盖棉布保温保湿。另外，面粉不要筋度太高的，不然吃起来太韧。

◎这个饼皮，也可以用烫面来制作，口感偏糯软。

做法

1. 面粉和水混合，揉成光滑柔软的面团。肉切丝。土豆去皮，切丝，用清水洗几遍，捞出沥水。胡萝卜去皮，洗净切丝。木耳泡发洗净后，切丝。麻椒洗净切丝。鸡蛋充分打散，加入1/4茶匙盐打匀。

2. 锅烧热，抹油，倒入蛋液，快速转着摊开成薄薄的蛋皮，两面煎至金黄上色，出锅，切成丝。

3. 锅中继续倒入适量油，烧热后，放入肉丝，炒至变色。

4. 下入葱花炒香，淋入料酒、生抽炒匀，倒入胡萝卜丝和木耳丝，炒1分钟。

5. 倒入土豆丝和麻椒丝，炒两分钟。

6. 调入盐和胡椒粉，炒匀，出锅。

7. 面团揉成长条，分切成6等份。

8. 分别将面剂摁扁，擀成薄薄的饼皮。

9. 锅洗净后，烧热，将饼皮放入，中火快速烙一下，鼓泡即可翻面，出锅后注意马上覆盖棉布保温保湿。

10. 摊开一张饼皮，铺上炒好的肉丝、菜丝、蛋皮丝，将底部先压上来，再从两侧搭压将其紧密包裹起来即可。

黄金发糕

📄 主料

面粉 200克

细玉米面 50克

温水（水温不超过40℃）

.... 90克

酵母 4克

南瓜泥 125克

📦 辅料

干红枣............................... 适量

🔲 特殊工具

6寸竹制小蒸笼 1个

棉纱布 1张

📦 制作关键

◎ 玉米面提前过筛会更细。

◎ 用高筋面粉来做，比用普通面粉做的口感会更好一些。

◎ 用完的棉纱布会粘一层薄薄的发糕外皮，扔进水里浸泡两小时以上，再一揉搓就很容易洗净了。

🍴 做法

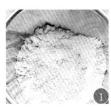 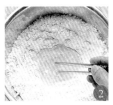 

1. 干红枣提前洗净，泡软。将面粉和玉米面混合均匀。
2. 面粉中间开窝，加入酵母和水，混合均匀。
3. 加入南瓜泥。

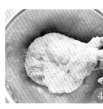  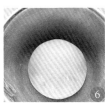

4. 将所有材料混合均匀成粗糙的面团（面团很软，有些粘手）。
5. 取出面团，在案板上摔打一会儿。
6. 收成光滑的面团，收圆入盆。

  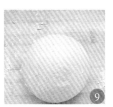

7. 覆盖，于温暖处发酵至两倍大。
8. 取出发好的面团，放在案板上大致揉一揉，揉时可在案板上撒薄粉防粘。
9. 排除气泡，收圆。

10. 蒸笼内铺垫纱布防粘，将面团放入，按压平整。
11. 将红枣逐个插在面团表面，覆盖，醒发至两倍大。
12. 开水上锅，大火蒸25分钟即可。

香甜玉米发糕

📄 原料

面粉 100克

玉米面 100克

鸡蛋 3个

水 ....50~60克

糖 30克

酵母 ....3~4克

无铝泡打粉 5克

油 25克

🍚 特殊工具

6寸脱底圆模 1个

蛋抽 1个

🍴 做法

1. 鸡蛋打入碗中。
2. 玉米面过筛，和面粉混合均匀。蛋液充分打散，加糖、水和酵母混合均匀，倒入盛有面粉和玉米面的盆中。
3. 搅匀成糊状，捞起蛋抽，面糊呈黏稠但可顺利流下、纹路清晰的状态。醒发1个小时。
4. 撒入泡打粉，淋入油，搅匀。
5. 倒入6寸脱底圆模。
6. 将面糊表面弄平整。
7. 开水上锅，大火蒸28分钟，出锅。
8. 脱模即可。

蔓越莓核桃玉米发糕

📋 原料

高筋面粉 150克

细玉米面 75克

酵母 4克

牛奶 160克

糖 18克

蔓越莓干 30克

核桃仁 30克

🍲 特殊工具

小竹蒸笼（直径18厘米）

.... 1个

棉纱布 1块

面包机 1台

🍴 做法

1. 酵母和牛奶混匀，倒入高筋面粉、细玉米面和糖，和成均匀且很软的面团（我用面包机，启动"和面"程序）。
2. 将蔓越莓干切碎。
3. 将核桃仁切碎。
4. 面团和好后，加入蔓越莓碎和核桃碎揉匀（我的做法：在"和面"程序的最后两分钟倒入果仁碎和匀）。
5. 将面团收圆。棉纱布用水浸湿后把水分拧掉，铺在蒸笼里。
6. 将面团放在蒸笼里的纱布上。
7. 按压面团使其摊平在蒸笼里。
8. 待面团发酵至约2.5倍大，开水上屉，大火蒸20分钟。取出揭掉纱布，放凉切块。

紫胡萝卜发糕

这款发糕同样可以先把胡萝卜蒸熟，打成泥，再和面团。用生、熟胡萝卜和成的面团，味道会有些许不一样，自己试试吧。

📄 原料

面粉 200克
酵母 4克
糖 20克
紫胡萝卜 2根
牛奶 54克
油 ....适量

🍲 特殊工具

蛋挞模 ....数个
榨汁机 1台
面包机 1台

🍴 做法

1. 将紫胡萝卜洗净。
2. 将紫胡萝卜去皮,切块,送入榨汁机分离汁和渣。
3. 将紫胡萝卜汁、渣与面粉、酵母、糖及牛奶混合,揉成均匀的面团(我的做法:所有原料扔进面包机,和面10~12分钟,均匀即可)。
4. 蛋挞模刷油,薄薄一层就好,不要太多。
5. 将和好的面团放在案板上。
6. 手上抹少许油(防止面团粘手),切出数个40克/个及30克/个的面团,滚圆。
7. 将40克/个的面团放入中号蛋挞模,30克/个的面团放入小号蛋挞模。
8. 覆盖好,发酵至约2.5倍大。开水上屉,大火蒸20分钟即可。

🦐 制作关键

◎ 没有紫色胡萝卜,用普通胡萝卜也一样。

◎ 没有蛋挞模,可以选择小蒸笼(如 p215"蔓越莓核桃玉米发糕"中所用到的)。

黑米发糕

📄 原料

面粉 250克

黑米面 50克

酵母 4克

牛奶 200克

📦 辅料

葡萄干 .... 适量

🍲 特殊工具

圆模 1个

屉布 1个

🍴 做法

1. 酵母和牛奶混合均匀, 倒入黑米面搅匀。喜欢甜口的, 可以加点糖。
2. 将面粉倒入黑米面糊中, 搅匀。
3. 将混合粉揉成面团, 揉匀即可, 不必揉久。收圆。
4. 圆模内铺上屉布, 放入面团, 按压均匀, 覆盖发酵至两倍大。
5. 将葡萄干摆放在表面。开水上锅, 大火蒸30分钟即可。

水晶鲜虾饺

非常偏爱晶莹剔透的面食，特别是这款水晶虾饺，内馅选用海虾，再加上脆脆的甜玉米，鲜美中多了一分清甜。若将这款虾饺用于节庆或者招待亲朋，无疑会成为餐桌上的亮点。

面团原料

澄粉 70克

玉米淀粉 20克

开水 100克

猪油 2.5克

内馅原料

海虾 150克

肥猪肉 15克

甜玉米粒 40克

盐 1/2茶匙

胡椒粉 1/4茶匙

味精 1/4茶匙

香油 1茶匙

特殊工具

湿布 1块

做法

1. 澄粉和玉米淀粉混合均匀，倒入开水，用筷子搅拌均匀成雪花状。
2. 稍凉以后用手揉成面团，放入猪油再次揉匀，盖湿布醒15分钟。
3. 海虾去头、壳和虾线，剁成小粒，与切碎的肥猪肉混合搅匀。
4. 肥猪肉、虾肉、甜玉米粒和盐、胡椒粉、味精、香油搅拌均匀成馅。
5. 醒好的面团再次揉匀，搓成长条，均匀地分成6等份。
6. 按扁后用擀面杖轻轻地擀成中间厚、边缘薄的饺子皮。
7. 面皮中放入调好的馅料，包成水晶饺生坯。
8. 水晶饺生坯放在抹油的蒸屉上，入锅大火烧开，转中火蒸4分钟即可。

金银双色饺

📄 面皮原料

面团A

面粉	200克
盐	1克
胡萝卜泥	80克
水	30克

面团 B

面粉	200克
盐	1克
水	105克

📄 内馅原料

小白菜400克（焯煮后约200克）

韭菜	100克
猪腿肉	200克
干虾仁（海米）	30克

📄 其他原料

水	适量

📄 调料

黄酒	适量
姜末	1茶匙
料酒	1茶匙
生抽	1茶匙
香油	1汤匙
盐	1/2茶匙
油	2茶匙

🍴 做法

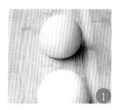  

1. 将面团A和B的原料分别混合，揉成光滑柔软的面团，覆盖松弛30分钟。
2. 干虾仁用黄酒没过浸泡20分钟，捞出擦干，切碎。猪肉剁成肉馅，调入姜末、料酒、生抽，然后少量多次地加入水，搅拌至肉馅顺滑不干涩，倒入香油，拌匀，腌制20分钟。小白菜清洗干净，去掉根部，锅中烧开足量的水，放入小白菜，焯煮两分钟，捞出用凉水冲凉，攥掉水分，切碎。韭菜择洗干净，切碎。
3. 肉馅中加入小白菜碎、韭菜碎、干虾仁碎，调入油和盐，拌匀。

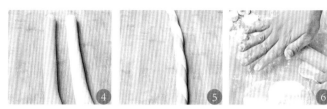

4. 将面团A和B揉成同样的粗条。
5. 将两粗条的一端捏合，再紧密缠绕在一起，末端捏合，均匀揉长。
6. 分切成若干个小剂子，擀成饺子皮。

7. 饺子皮中包入馅儿。
8. 将饺子皮对折捏合，捏出匀称的边缘。
9. 将边缘向内翻，左右两端收拢。

10. 捏合成元宝状生坯。
11. 依次做完其他，入开水锅煮熟即可。

面类主食

牛肉蒸饺

📄 原料

牛肉 300克
芹菜 400克
面粉400克+沸水280克
澄粉50克+沸水50克
猪五花肉 120克
洋葱 100克

📦 调料

料酒 1茶匙
五香粉 .... 少许
生抽 1汤匙
香油 1汤匙
姜末 1茶匙
油 1汤匙
盐 .... $1\frac{1}{2}$茶匙
生粉 1汤匙
花椒水 约120毫升

🍴 做法

1. 澄粉中边冲入沸水边快速搅匀，稍凉后揉成"澄面团"。面粉中冲入沸水，快速搅匀，揉成面团，并加入澄面团，一起揉匀，松弛20分钟，再揉光滑。
2. 牛肉和猪五花肉分别剁成肉馅。
3. 两种肉馅混合在一起，调入料酒、姜末、生抽、五香粉，少量多次地边搅拌边加入花椒水，拌至细滑，加入生粉搅匀，再加入香油拌匀，腌制20分钟。
4. 芹菜切碎，洋葱切碎，全部倒入肉馅中，加入油和盐，混合搅匀。
5. 将松弛过的面团取出来，揉成光滑柔软的面团。搓成长条，分成若干个小剂子，擀成薄面皮。
6. 包入馅料，对折捏合边缘，收口向内收拢一下，做完所有。开水上屉，大火蒸10分钟即可。

翡翠花式蒸饺

📋 原料

面皮

面粉250克+沸水180克

澄粉40克+沸水40克

菠菜 50克

馅料

任意素馅 .... 适量

🖥 特殊工具

玉米皮 .... 数个

🎛 制作关键

◎ 制作造型小面点，如果用肉馅包制，蒸出来会缩身，所以最好用素馅。

🍴 做法

1. 菠菜择洗干净，入沸水锅中焯煮1分钟，捞出，用凉水冲凉后攥干水分。取20克叶子部分用蒜臼捣碎成泥。
2. 澄粉中边冲入沸水边快速搅匀，揉成澄面团。
3. 面粉中冲入沸水，快速搅匀，揉成面团，并加入澄面团，一起揉匀，再加入菠菜泥。

4. 用手抓匀，揉成均匀的面团，扣上盆，松弛20分钟。
5. 将面团揉成长条，切成均匀的小剂子。
6. 将面剂分别擀成薄圆皮。

7. 将面皮背面均匀蘸些生面粉（防粘），翻折成等腰三角形，折压边缘。
8. 面皮翻面，放上馅料，三个角分别对折捏合到中心处。
9. 将折下去的边缘翻上来。

10. 再将中线捏出花边。
11. 将三块面皮边缘的中心处捏合到一起。
12. 依次做好其他蒸饺，铺垫上屉，大火蒸10分钟即可。

卷心菜馄饨

食品加工机是七八年前买的，平时用得不多，大多数时间都闲置着，幸好是大品牌的东西，没有闲坏了！偶尔拿出来用一用，从肉到菜就用这一台机器搞定，收拾的时候可以少洗几个盆，倒也方便，适合懒人。

📄 原料

雪花粉........................400克
盐...................................3克
水...............................200克
猪肉.............................150克
卷心菜.........................150克
韭菜..............................50克
海米..............................10克

🥫 调料

姜末............................1茶匙
料酒............................1茶匙
生抽............................1茶匙
盐...........................1/2茶匙
油................................2茶匙
香油............................1茶匙
大骨汤............................适量

🫙 馄饨小料

紫菜................................适量
香菜................................适量
榨菜末............................适量
虾皮................................适量
胡椒粉............................适量
味极鲜酱油....................适量
盐...................................适量
香油................................适量

🗄 特殊工具

搅拌机.............................1台
食品加工机.....................1台

🎂 制作关键

◎ 肉馅先不要打得太细，否则加了菜再打就成肉糜了，会影响口感。可以先将打好的肉馅盛出，打完菜再放进肉馅一起稍稍搅打。

🍴 做法

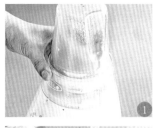 

1. 将雪花粉、盐、水混合后制成馄饨皮。将海米放入搅拌机干磨杯。按键，将海米打成细粉末。

2. 五花肉洗净，沥干水，切成大块，放入食品加工机的搅拌杯中，搅打成肉馅，八成碎即可，刚开始不必搅打太细。

3. 将择洗干净的卷心菜撕成片，韭菜切段，一起放入搅拌杯，加入海米粉、姜末、料酒、生抽、盐、油和香油。

4. 按键将食品加工机内的食材搅打均匀。

5. 逐个用馄饨皮将馅料包好，制成馄饨生坯。

6. 将馄饨下锅煮熟。将所有小料放在大碗里。

7. 将大骨汤炖好，盛一汤匙沸开的汤浇开小料。将煮好的馄饨，连同适量汤一起盛入碗里即可。

馄饨

面类主食

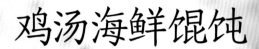

鸡汤海鲜馄饨

每年冬天扇贝上市的时候都要买
一些扇贝丁（扇贝肉），回来分
成小份儿，冻在冰箱里，用来做
饺子馅、馄饨馅，提鲜效果好过
虾仁，是老公和儿子的心头好！

📋 原料

猪肉	235克
新鲜扇贝肉	150克
鲜虾	10只
韭菜	240克
馄饨皮	适量

📋 调料

姜末	10克
生抽	1汤匙
料酒	1汤匙
胡椒粉	1/2茶匙
油	2汤匙
盐	1茶匙
香油	1茶匙

📋 原料

海鲜馄饨	20个
鸡汤	200毫升
紫菜	1小把
虾皮	5克
鸡蛋	1个
榨菜、香菜	各适量
油	适量
水	适量

📋 调料

味极鲜酱油	1/2茶匙
盐	适量
香油	1/4茶匙
胡椒粉	适量

🍴 馄饨做法

1. 猪肉剁成肉馅；扇贝肉粗剁成小粒状；鲜虾去壳，取虾仁，洗净，也粗剁一下。将三者混合。
2. 肉馅碗中倒入姜末、料酒、生抽、胡椒粉拌匀，再倒入1汤匙油，拌匀，腌制20分钟。
3. 韭菜择洗干净，切碎，加入肉馅碗中，调入盐、1汤匙油、香油，拌匀成馅。
4. 用馄饨皮包入馅料，制成馄饨生坯。

🍴 汤料做法

1. 鸡蛋打散，加少许盐打匀。锅烧热，抹些许油，倒入蛋液，转开，煎成薄蛋皮，取出切成丝。
2. 大煮锅倒入足量的水烧开，下入馄饨煮熟。另起一小煮锅，放入鸡汤，烧开。
3. 紫菜撕碎，榨菜切碎，香菜切碎，虾皮切碎，和蛋皮丝一起放在一大汤碗里，调入酱油、胡椒粉、香油，浇入烧开的鸡汤。如果鸡汤咸度不够，还可以加入适量的盐；如果汤不够的话，可以适当盛入一些煮馄饨的汤。
4. 把煮好的馄饨捞入汤碗里即可。

蛋煎菠菜虾仁馄饨

📄 馄饨皮用料

雪花粉 600克
盐 3克
水 305克

📄 馅料原料

菠菜 250克
猪后肘肉 200克
鲜虾仁 200克
泡发木耳 50克

🫙 馅料调料

姜末 1茶匙
料酒 1茶匙
生抽 2茶匙
盐 1/2茶匙
油 2茶匙
香油 1茶匙

📄 煎蛋用料

鸡蛋 2个
小葱 1根
盐 1/4茶匙

🫙 其他

水、油 .... 各适量

🔭 制作关键

◎ 菠菜焯烫时间不要太久,不然口感会太烂。

◎ 倒入蛋液前,水不要收太干,否则待表面蛋液成熟,底部蛋液会煎煳。

🍴 做法

1. 将雪花粉、盐、水混合,制成馄饨皮。猪肉搅打成肉馅,鲜虾仁也搅打成馅儿。
2. 将搅打好的猪肉馅、虾仁馅混合在一个盆里,调入姜末、料酒、生抽,分几次少量加入水,顺一个方向能搅开即可。
3. 菠菜洗净,入沸水中焯烫半分钟,捞出投入冷水中,彻底浸凉后捞出,攥干水。

4. 将菠菜、木耳切碎,放入肉馅中,调入盐、油(2茶匙)和香油,搅匀。用馄饨皮包入馅料,制成馄饨生坯。
5. 平底锅倒入少许油抹匀,摆上馄饨,略煎。
6. 倒入开水到馄饨高度的1/3处。盖上盖子,用中小火水煎。

7. 小葱切碎,和鸡蛋一起打散,调入盐,打匀,倒入还剩一层水的锅里。
8. 盖上盖子,小火煎至蛋熟。顺锅边转圈淋入少许油,转动锅让底部渗入油,再略煎一下即可。

鸡蛋酱拌胡萝卜面

📄 用料

🍴 做法

1. 将胡萝卜泥、水和盐混合均匀，倒入面粉，揉成面团，做成手擀面。

2. 将豆瓣酱和甜面酱放入碗中，少量多次地加入约100毫升的水，轻轻调开调匀，备用。

3. 鸡蛋打散，锅中倒入少许油，小火烧热，下入鸡蛋液，用筷子快速搅成小碎粒状，至八成凝固即可盛出。

4. 锅烧热，加适量油烧热（此处可以撒1茶匙花椒炒香，待快变色时捞出不要），倒入五花肉丁。

5. 将肉丁煸炒至变色后，倒入料酒，炒匀，倒入调好的酱，烧开后，转小火熬煮约10分钟，尝一尝，根据口味决定是否放盐。

6. 将炒鸡蛋碎和香葱碎加入肉酱中，再煮3~5分钟即可盛出。

7. 黄瓜洗净，切成细丝。胡萝卜洗净去皮，切成细丝。烤花生去皮，擀碎。锅中烧开足量水，先倒入胡萝卜丝，焯烫1分钟，捞出。再下入面条，大火煮开，浇入一小碗凉水，再次煮开后即可。

8. 捞出面条，过一下凉开水即捞出，盛入碗中，加入黄瓜丝、胡萝卜丝、鸡蛋酱，撒上花生碎，拌开即可。

臊子面

和老公去看电影，回来就念念不忘里面的"裤带面"，宽宽的抻面上浇上刚出锅的肉臊子，蹲在地上，高挑面，拌开来，狼吞虎咽地这么一吃，看得人都馋死了！心动不如行动，回来第二天，便自己开动，抻面，煮臊子……端了一大碗给老公，他一推椅子，直接蹲在地上开吃，哈哈。

用料

裤带面

面粉	400克
盐	3克
食用碱	1.5克
水	240克
油	适量

小料

油菜心	100克
豆芽	100克
油泼辣子	适量（可选）

臊子

猪绞肉末	200克
洋葱末	30克
姜末	1茶匙
蒜（切末）	2瓣
八角	2个
料酒	1茶匙
生抽	1汤匙
老抽	1茶匙
五香粉	1/2茶匙
老醋	6汤匙
白糖	1茶匙
盐	1茶匙
葱花	2汤匙
水	适量

面粉、盐和食用碱混合均匀，倒入水，揉匀揉透成光滑柔软的面团（我用面包机，启动和面程序）。

将面团搓成长条，抻拉一下，按扁。

切成一个个均匀的小段。

手心抹油，将小段逐个搓成粗细均匀的条。

全部搓好后，间隔排放，覆盖保鲜膜，松弛两小时以上。

炒锅热油，下肉末煸炒。

炒至肉末变色后加入八角、姜蒜末、洋葱末，继续炒至肉末收缩微黄。

淋入料酒、生抽、老抽、五香粉，翻炒至肉上色。

倒入老醋、白糖、盐，炒掉醋酸味。

加水没过肉末，煮开后转小火煨。再撒上葱花，收下汁即可。

煮锅烧开水。取过一段松弛好的"面条"，先轻轻用手拍开成宽片。

再两手拽住两端，在案板上摔打着均匀抻薄抻长。

将抻好的面条扔进锅里煮，继续抻面。抻够一碗的面量后，停下来，捞出锅里的面条，再继续抻后面的面。

油菜心和豆芽扔进煮面的锅里，焯烫1分钟，捞出放在煮好的面条上，浇上热臊子，再根据个人喜欢加入油泼辣子，拌开食用。

面条

面类主食

牛肉抻面

牛肉汤主料

牛腩.....................................1500克
白萝卜.................................适量

牛肉汤辅料

料酒.....................................2汤匙
葱...3段
姜...2片
盐...适量
调料包〔八角3个、香3片、
山奈2片、丁香2粒、陈皮2汤
匙、肉蔻（拍碎）1个、草果
（拍碎）1个、桂皮1块、小
茴香1汤匙〕.....................1个
青蒜碎.................................适量
香菜碎.................................适量
油泼辣子..........适量（可选）

抻面用料

面粉.....................................400克
盐...2克
食用碱.................................1克
水...240克

其他

水 ....适量

制作关键

◎ 牛肉汤应该比正常口味略咸一点，不然搅开面料就会感觉淡。

做法

1. 牛腩提前放入冷水中浸泡去血水，中间换几次水，最后清洗干净，切成4大块。锅中倒入足量水，将大块牛腩放入，沸开后淋入料酒，继续氽煮5分钟，除杂沫，捞出牛肉，清洗干净，沥水，切成4厘米见方的块。
2. 另起炖锅，烧开足量的水，将牛肉块放入，煮开，撇掉浮沫。
3. 放入姜片、葱段和调料包，盖上盖子转小火炖1小时。

4. 取1/4个白萝卜切块，放入牛肉锅里，调入2茶匙盐，继续炖1小时，中途撇几次浮沫和油脂。
5. 盐和食用碱溶于水，倒入面粉中，充分揉成光滑的软面团，松弛1小时以上。
6. 面团分成四份，逐份操作。将一份面团擀开成厚约5毫米的长方形，切成约1厘米宽的长条。覆盖好，松弛20分钟以上。

7. 锅中烧开水，将面条逐个均匀抻长抻薄抻细（1根可以抻长到1.5米）。
8. 将抻好的面条扔入沸水锅，抻够一碗的量停下来，再略煮半分钟左右就可以一起捞入碗里。牛肉锅里的白萝卜捞出不要，捞出牛肉块切成小块。锅里的汤补充开水和盐，烧开。另取50克生白萝卜切片，放入锅里，略煮入味。往面条碗里加些青蒜碎和香菜碎，放上牛肉小块和白萝卜片，浇上牛肉汤，根据个人喜好放点油泼辣子即可。

芸豆卤面

酱肉丁用料

猪肉..............................100克
甜面酱...........................1汤匙
料酒..............................2茶匙
面酱..............................1汤匙
葱花、姜末......................各适量
生抽..............................1茶匙
糖.................................1茶匙
盐........................适量（可选）
水、油..........................各适量

芸豆茄子卤用料

芸豆..............................400克
茄子................................2根
猪肉...............................75克
盐............................$1\frac{1}{2}$茶匙
葱花、姜末......................各适量
料酒..............................2茶匙
生抽..............................2茶匙
香油...............................少许
水、油..........................各适量

手擀面用料

面粉..............................500克
水.................................250克
食用碱.............................2克

制作关键

◎ 用铁锅炖煮茄子，最好先削皮，不然炖出来颜色会暗黑，不好看。

◎ 茄子丁事先用盐卤出水分后再炒，不仅口感好，还可以很好地降低其吸油性。

做法

1. 猪肉切小丁，炒锅热油，下入肉丁翻炒变色，加葱花、姜末炒香，淋入料酒炒匀。
2. 加入生抽、面酱和甜面酱（提前调好），小火翻炒至断生，调入糖，倒入一小碗水，大火烧开转小火焖至汤汁收浓（尝一下决定是否加盐），制成酱肉丁，备用。
3. 备好制作芸豆茄子卤所需原料。

4. 茄子洗净，去蒂去皮，切成小丁，放入盆里，撒上1/2茶匙盐，抓匀，静置10分钟。肉切小丁。
5. 芸豆洗净，去除筋丝，切成细粒。将茄子攥掉水分，和芸豆放在一起。
6. 炒锅烧热油，下入猪肉丁，翻炒变色，下葱花、姜末。

7. 淋入料酒翻炒，倒入芸豆粒和茄子丁，翻炒一分钟。
8. 倒入水，调入盐和生抽，八分没过食材即可。大火烧开转小火炖煮10分钟，关火，淋入香油，制成芸豆茄子卤。
9. 将面粉、水、食用碱混合，制成手擀面。锅中倒入足量的水，烧开，下入面条，大火烧至沸开，浇一碗凉水，再次煮沸，尝一下，面软硬合适了即捞出。

10. 煮好的面条过不过水随自己喜好，捞入大碗里，浇上芸豆茄子卤和酱肉丁，拌开即食。

牛排炒意面

🍴 做法

1. 锅中烧开足量的水，倒入意面，煮10分钟左右到自己喜欢的软硬度。
2. 捞出过凉开水冲凉，沥水备用。
3. 锅烧热，倒入橄榄油，先下蒜末小火炒香，再下洋葱丝、麻椒条、西芹段炒1分钟。
4. 倒入牛排肉翻炒一下。
5. 调入盐、糖、生抽、黑椒汁炒匀。
6. 最后倒入意面和罗勒叶，炒匀入味即可。

西点零食

伍

咖啡蛋糕

菠萝包

牛角面包

腊肠卷

📄 原料

面包材料

A

高筋面粉	110克
低筋面粉	40克
全蛋	20克
糖	20克
盐	1/4茶匙
酵母粉	1/2茶匙
鲜奶	80克

B

黄油	15克

C

色拉油	适量
面粉	适量
全蛋液	适量

内馅材料

广式腊肠（一切两半）	3根

🍴 特殊工具

橡皮刮板	1个

🍴 直接法制作面团

1. 将高筋面粉、低筋面粉混合，称出一半，放入小碗中，再向小碗中加入盐。材料A中其他材料倒入大盆内混合。
2. 用橡皮刮板将大盆内的材料充分搅拌约3分钟，至看到微小气泡。
3. 将小碗内的面粉和盐倒入大盆内，用橡皮刮板混合成面团，提到案板上，单手向前方轻摔，一开始面团还未起筋性，动作要轻。
4. 将面团折起。
5. 左手中指在面团中央辅助，将面团转90°。
6. 提起面团。

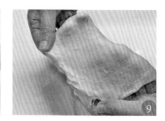

7. 再次单手将面团向前方轻摔。

8. 如此反复摔打，直至面团表面略光滑。

9. 双手抻开面团，拉出稍粗糙、稍厚的薄膜。

10. 重新将面团放入面盆，裹入黄油。单手反复用力按压面团，直至黄油完全被吸收。

11. 先在盆内摔打面团，直至重新变得比较光滑，再提至案板，继续摔打，面团逐渐产生筋性，此时加大力度和速度，直至面团表面很光滑。

12. 切下小块面团，抻开可拉出小片略透明、不易破裂的薄膜。此为面团扩展阶段：适合做软式面包。

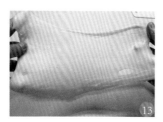

13. 继续摔打，直至面团可拉出大片略透明、不易破裂的薄膜。此为面团完全阶段：适合做吐司面包。

14. 取一干净的盆，盆底涂几滴色拉油。放入面团，盖保鲜膜，于30℃基础发酵约50分钟。

15. 当面团发酵至原大的2~2.5倍时，用手指蘸干面粉插入面团内，孔洞不立即回缩即成基本发酵面团。

1. 发酵面团分割成6份，滚圆松弛15分钟。
2. 将面团擀成椭圆形。
3. 由上往下卷成圆柱形。

4. 反面捏起收口。
5. 用手将圆柱形面团向两边搓成长条形（如果面团太紧致需要再松弛片刻，不要强用力搓）。
6. 将搓好的面团缠在腊肠上，收紧上下收口。

7. 生坯放置在烤盘上进行最后发酵，留足空隙。最后发酵完成后，刷上全蛋液。
8. 烤盘放入烤箱，以上下火、180℃、中层烤15~20分钟。

抹茶蜜豆吐司

儿子喜欢抹茶，抹茶蛋糕和面包都喜欢。
做完这款吐司，送了一半给爸妈，反馈回
来的信息是妈妈也非常喜欢！看来抹茶蜜
豆的组合，老少皆宜呢。

📄 原料

金像高粉.............................350克

抹茶粉.................................13克

耐高糖酵母.........................6克

糖.......................................50克

盐...4克

牛奶...................................225克

蛋液...................................35克

黄油...................................35克

蜜豆...................................120克

🖥 特殊工具

面包机.................................1台

🥜 制作关键

◎ 程序结束前几分钟观察面包上色情况，如上色均匀，按压侧面弹性很好，则可取出。

🍴 做法

1. 备好抹茶蜜豆吐司所需原料。
2. 将牛奶、蛋液、糖和盐先在面包桶里搅匀，倒入高粉和抹茶粉，最后放入酵母，送入面包机，"和面+和风"程序运行。"和风"揉面10分钟后，加入切片的黄油。
3. "和风"显示为"01:52"待排气完成，按"暂停"，取出面包桶，倒出面团，此时不要取出搅拌刀。

4. 面团轻轻按压排气后，擀开。
5. 面团宽度与面包桶一致，压薄底边。
6. 从一端开始，先铺一排蜜豆，再卷起。

7. 压紧，再铺一排蜜豆。
8. 继续卷。压紧接口，再铺几排蜜豆。
9. 最后捏紧收口，整理均匀。

10. 再放进面包桶，桶外侧包裹锡纸。
11. 送入面包机，继续运行。
12. 程序结束，倒出面包，放在晾架上放凉，凉透后密封保存。

炼乳吐司

📋 原料

糖	45克
盐	6克
蛋液	54克
牛奶	232克
炼乳	98克
黄油	40克
金像高粉	500克
耐高糖酵母	5克

🍴 做法

1. 面包机制作面团：将牛奶、蛋液、糖和盐先在面包桶里搅匀，倒入高粉，最后放入酵母，送入面包机，"和面+和风"程序运行。"和风"揉面10分钟后，加入炼乳和切片的黄油。"和风"显示为"01：52"待排气完成，按"暂停"，取出面包桶，倒出面团，此时不要取出搅拌刀。面团打至完全阶段，收圆入盆，进行发酵。发酵完毕，取出，排气，分切成3个160克/个和6个80克/个的面团，滚圆，覆盖，中间发酵20分钟。

2. 先取过160克面团，擀开成长方形。

3. 将面皮两侧向内折，压紧。

4. 略擀开后，从一端紧密卷起，收口捏紧。

5. 将面卷排放入450克模具中，全部做好后，送入温暖湿润的环境进行发酵。

6. 取过80克小面团，先搓长，再擀成长条。

7. 由一端紧密卷起。

8. 排放入长条吐司模，全部做好后放在另一温度略低的环境中进行发酵。

9. 发酵完成，在生坯表面刷蛋液，入预热至180℃的烤箱最下层，烤30分钟后转下火再烤5分钟，取出长条吐司模，留450克吐司模继续再烤5分钟（上色后覆盖锡纸），出炉后马上脱模即可。

🧰 特殊工具

面包机	1台
450克吐司模	1个
（197×106×110mm）	
长条吐司模	1个
（270×65×65mm）	

🐛 制作关键

◎ 长条吐司模里的面团最后发酵的速度会比450克吐司模里面团发酵的速度快一些，所以擀卷要以450克模为先，并且长条吐司模所处的最后发酵的环境温度也要略低一点，这样才能保证两个模里的面团发酵程度一致。

照烧鸡腿堡

📄 内馅原料

A

生菜 4片

番茄 1个

B

鸡腿 4个

大蒜（切片）............. 10瓣

姜片 5片

C

植物油 2汤匙

生抽 3汤匙

黄酒 3汤匙

砂糖 2汤匙

清水 100毫升

📄 面包原料

A

高筋面粉 100克

中筋面粉 50克

鸡蛋 50克

清水 50克

细砂糖 15克

细盐 1/4茶匙

酵母粉 1/2茶匙

B

黄油 15克

C

全蛋液 .... 少许

面包屑 50克

色拉油 .... 适量

面粉 .... 适量

🍴 特殊工具

橡皮刮板 1个

🍴 内馅做法

1. 鸡腿去骨, 在鸡腿肉上划几刀以免煎制时收缩。
2. 炒锅内烧热2汤匙油, 放入蒜片、姜片爆香, 鸡腿皮朝下放入锅内, 煎至表皮呈金黄色。
3. 加入生抽、黄酒、砂糖及清水煮开后, 转小火加盖焖煮。
4. 煮至收汁即可, 取出放凉, 备用。

🍴 面包做法

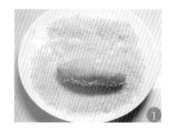

1. 将发酵好的面团（参见p245 "直接法制作面团"）分割成4份, 滚圆, 盖上保鲜膜松弛约10分钟。将面团擀成椭圆形, 再由上向下卷成橄榄形。表面刷上全蛋液, 在盘中裹上面包屑。
2. 摆放在烤盘中, 盖上保鲜膜进行最后发酵。烤箱于180℃预热, 以上下火、180℃、中层烤18分钟。烤好的面包放凉后在中间割开一道口, 夹入生菜、番茄及鸡腿肉即可。

培根面包

📋 用料

面包材料

A

高筋面粉	100克
低筋面粉	50克
鸡蛋	50克
鲜奶	55克
砂糖	20克
细盐	1/4茶匙
酵母粉	1/2茶匙

B

黄油	15克

C

全蛋液	少许
色拉油	适量
面粉	适量

内馅材料

培根（切成1/2段）	2条
沙拉酱	2汤匙
葱花	适量

🍴 特殊工具

裱花袋	1个
橡皮刮板	1个

🎨 制作关键

◎ 培根在烘烤过程中会回缩，所以切的培根长度应该比发酵好的面团略长。

◎ 由于培根面包属于薄片面包，因此烘烤时需将面包放在上层。

🍴 做法

1. 面团首次发酵完成（参见p245"直接法制作面团"），分割成4份，滚圆，松弛15分钟。
2. 将面团擀成椭圆形。
3. 平铺在烤盘上进行第二次发酵。
4. 发酵完成后，在面团表面刷上全蛋液。
5. 铺上半条培根。
6. 用裱花袋挤上沙拉酱。
7. 再撒上葱花。
8. 烤箱于180℃预热，烤盘入烤箱，以上下火、180℃、上层烤20分钟。

肉松面包卷

🍴 汤种法制作面团

1. 取25克高筋面粉和100克清水, 倒入奶锅内, 充分搅匀至无明显面粉粒。开小火, 一边煮, 一边搅拌至糊状。煮好的汤种, 要盖上保鲜膜防止水分流失, 移入冰箱冷藏1小时方可使用。
2. 从材料A中称出2/3的面粉, 将其与盐留出备用。将A中其他材料与汤种混合, 并用橡皮刮板搅拌至糊状。放入预留的面粉和盐, 混合成团, 提至案板摔打(参照p245 "直接法制作面团" 第3–15步), 制成发酵面团。

🍴 肉松面包卷做法

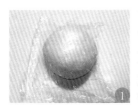   

1. 面团发酵完成, 直接滚圆, 盖上保鲜膜松弛20分钟。
2. 用手按压排气。
3. 擀制成烤盘大小的长方形, 铺在垫油纸的烤盘上进行最后发酵。
4. 至面团发酵至2倍大, 手指按下不会马上回弹即可, 刷上全蛋液。

5. 用竹签插上一些小洞帮助排气, 以防烤时面团凸起。
6. 撒上葱花及白芝麻。
7. 烤箱于170℃预热, 放入烤盘, 以上下火、170℃、中层烤18分钟。
8. 烤好的面包连油纸一起取出, 表面再盖上一张油纸, 放至温热。

9. 面包反面的油纸撕掉, 浅浅地割上一道道刀口, 不要割断。
10. 涂上一层沙拉酱, 再撒上适量肉松。借助擀面杖将面包卷起。
11. 不要松开油纸, 再用胶纸缠起来, 放置约10分钟让其定形。
12. 拆开油纸, 切去两端, 分切成4段, 头尾涂沙拉酱、蘸肉松即可。

酥菠萝面包

📄 **酥菠萝皮原料**

A

黄油 48克

糖粉 40克

蛋黄 20克

B

奶粉 10克

低筋面粉 80克

📄 **面包原料**

汤种材料

高筋面粉 15克

清水 65克

面团材料

A

高筋面粉 100克

低筋面粉 60克

细砂糖 25克

奶粉 2汤匙

细盐 1/4茶匙

酵母粉 1茶匙

清水 40克

鸡蛋 30克

B

黄油 20克

C

色拉油 .... 适量

面粉 .... 适量

🍴 **特殊工具**

手动打蛋器 1个

橡皮刮板 1个

🍴 酥菠萝皮做法

1. 黄油加糖粉混合，先用橡皮刮板翻拌均匀。
2. 用手动打蛋器打至泛白色，分2次加入打散的蛋黄液，搅匀。
3. 加入材料B粉类，用刮板拌成团。
4. 面团包保鲜膜，入冰箱冷藏1小时至变硬。

🍴 面包做法

1. 将发酵完成的面团（参见p257"汤种法制作面团"）分割成6份（每份50克），滚圆，盖上保鲜膜松弛10分钟。
2. 将冷藏过的酥菠萝皮面团均分成6等份，搓圆。
3. 将6个面包面团依次擀成圆饼状，用双手轻轻按压面团，将面团中的空气挤压出来。
4. 用刮板刮起面包面团，翻面捏紧收口，并再次滚圆。

5. 底垫保鲜膜，将菠萝皮面团压成圆饼。
6. 用菠萝皮包住面包面团。
7. 翻面后，用刮板在菠萝皮上纵横压上条纹。
8. 放入烤盘中，室温（28℃）发酵约20分钟，发酵至2倍大。烤箱于180℃预热，烤盘放入烤箱，以上下火、180℃、中层烤15~18分钟。

杧果慕斯蛋糕

📄 原料

A ....
新鲜杧果........................400克
细砂糖..............................40克
B ....
鱼胶粉................................9克
冷水..............................3汤匙
C ....
动物鲜奶油..................250克
白兰地..........................1/2茶匙
D ....
菠萝QQ糖......................25克
市售橙汁......................45毫升

🍴 特殊工具

搅拌机................................1个
网筛....................................1个
手执面粉筛........................1个
橡皮刮板............................1个
电动打蛋器........................1个
6寸活底圆模......................1个
电吹风................................1个

🪣 准备工作

提前烤制一个6寸海绵蛋糕，片下2片15毫米厚的蛋糕片。

🍀 制作关键

◎ 需要选购色泽金黄、清甜成熟的杧果，这样味道最佳，如果杧果太酸，需要额外添加砂糖。

◎ 蛋糕体除可用海绵蛋糕底外，还可以使用戚风蛋糕底。虽然戚风蛋糕底的口感会更细绵，但是海绵蛋糕底更扎实，对新手来讲更容易操作。

🍴 做法

1. 杧果去皮切小块，用搅拌机搅成泥状，并用网筛过滤后称重，取250克杧果泥。
2. 将细砂糖加入杧果泥中，隔温水加热至砂糖化开。
3. 蛋糕片出15毫米厚的2片，用活底模比对，修成直径10毫米的圆形。

4. 鱼胶粉用冷水浸泡10分钟至涨发，隔温水加热至无明显颗粒的液态。
5. 鱼胶粉倒入杧果泥内，隔冷水搅拌降温至20℃左右成浓稠的酱状。
6. 动物鲜奶油用电动打蛋器打至六分发，加入白兰地及杧果酱搅匀。

7. 迅速用橡皮刮板搅拌均匀即为慕斯馅。
8. 取一片蛋糕片放入模具底部，倒入1/2慕斯馅。
9. 再盖上第二片蛋糕片。

10. 倒入剩下的慕斯馅，并抹平，然后移入冰箱冷藏4小时。
11. 将QQ糖加橙汁隔温水化开成液态，放凉至20℃，淋在慕斯表面，再入冰箱冷藏30分钟。
12. 脱模时将蛋糕托起，用电吹风沿着模具边缘吹约1分钟，即可脱模。

纽约芝士蛋糕

📄 **饼干底原料**

奥利奥饼干 150克

黄油 35克

🍴 饼干底做法

1. 奥利奥饼干掰开, 去除夹心, 仅留饼干 (约90克)。
2. 饼干装入结实的胶袋, 用擀面杖压成粉末, 或用搅拌机搅碎。
3. 黄油隔水化开, 加入饼干碎内。
4. 充分混合均匀后倒入模具内。
5. 用平的饭铲将饼干碎压平整。
6. 压好的样子如图所示。移入冰箱冷冻, 备用。

家常主食：本味家常菜黄金搭档

📄 蛋糕原料

动物鲜奶油 200克

浓缩柠檬汁 2茶匙

奶油奶酪 250克

细砂糖 70克

黄油 .... 适量

鸡蛋 2个

🍴 蛋糕做法

1. 200克动物鲜奶油中加入2茶匙浓缩柠檬汁，制得200克酸奶油。
2. 用茶匙充分搅拌均匀。
3. 静置20分钟，即凝结成半固体状酸奶油，包上保鲜膜放入冰箱冷藏。

4. 将奶油奶酪切成小块，加上砂糖（60克）隔水加热化成膏状。
5. 趁热加入黄油，搅拌至无颗粒的浆状。
6. 分两次加入全蛋拌匀。

7. 加入100克酸奶油拌匀。拌好的蛋糕糊如图。
8. 取出冻好的饼干模，将蛋糕糊倒入模具内。
9. 烤箱预热，以上下火、160℃、倒数第二层（底层插水盘）烘烤30分钟。

10. 30分钟后取出水盘，转下火、170℃干烤30分钟。
11. 100克酸奶油加10克细砂糖混合均匀，倒在烤好的蛋糕面上。
12. 重入烤箱，于170℃、单上火烤5分钟。冷却后再冷藏6小时方可脱模。

🔧 特殊工具

6寸活底蛋糕模 1个

手动打蛋器 1个

🦐 制作关键

◎ 制作饼干底时，一定要压得平整、紧实一些，这样在脱模切块时才不至于松散。

◎ 蛋糕模在做好饼干底后，可在模内壁刷上一层黄油再移入冰箱冷冻，这样烤好的蛋糕更容易脱模。

提拉米苏

📄 原料

A

即溶咖啡粉 1汤匙

清水 100毫升

细砂糖 30克

咖啡甜酒 35毫升

B

手指饼干 1份

C

蛋黄 2个

蜂蜜 30克

细砂糖 30克

D

马士卡彭芝士（Mascarpone Cheese）...................250克

动物鲜奶油 120克

装饰用可可粉...................适量

草莓 1个

🍵 特殊工具

布丁杯（直径7.5cm×高7cm）

....4个

电动打蛋器 1个

手动打蛋器 1个

裱花袋 1个

刮板 1个

网筛 1个

🎋 制作关键

◎ 马士卡彭芝士是制作提拉米苏必不可少的原材料，它是一种低脂芝士，因此口感较清爽。在使用前要提前取出，室温回软，在打发时也不需要过度打发，只要打20秒至质地松软，可与其他材料混合即可。

🍴 做法

1. 清水、细砂糖用小火煮至砂糖溶化。离火，趁热放入咖啡粉，拌至溶化。放凉，加入咖啡甜酒，拌匀即为咖啡酒糖液。

2. 用毛刷蘸上咖啡酒糖液，将手指饼干的正反两面都刷上咖啡酒糖液，备用。

3. 马士卡彭芝士提前取出于室温软化，放入大盆内，用电动打蛋器搅打约20秒，呈光滑的乳膏状。

  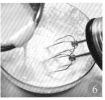

4. 2个蛋黄加蜂蜜、细砂糖混合，隔60℃温水，用手动打蛋器搅打2分钟。

5. 加热后的蛋黄搅打至泛白，砂糖完全溶化，注意无须打发。

6. 将搅好的蛋黄液分次少量地加入步骤3处理好的材料中，边加边搅匀。

7. 动物鲜奶油隔冰打至七分发。

8. 将打好的动物鲜奶油加入步骤6处理好的材料中，再搅拌均匀即为芝士糊。

9. 取2根刷过咖啡酒糖液的手指饼干，用剪刀剪成合适的长短，铺垫在布丁杯底。

10. 将打好的芝士糊装入裱花袋中，挤在饼干层上，盖过饼干。

11. 如此反复铺垫三层饼干，最后一层用芝士填满，用刮板抹平，移入冰箱冷藏4小时以上。

12. 取出冷藏后的杯子，在表面筛上一层可可粉，装饰草莓即可。

鸡丁莳萝比萨

原料

饼皮材料

高筋面粉	80克
低筋面粉	20克
酵母	2克
糖	8克
盐	2克
牛奶	72克
橄榄油	8克
水	适量

比萨馅料

鸡腿	2只
黑胡椒碎	1/4茶匙
玉米粒	10克
洋葱丝	20克
莳萝（茴香）	适量
比萨酱	$1\frac{1}{2}$汤匙
盐	1/2茶匙
干白	1汤匙
橄榄油	适量
生粉	1汤匙
马苏里拉奶酪碎	100克

做法

1. 比萨面团的制作：酵母溶于水搅匀。将高筋面粉、低筋面粉、牛奶、糖和盐混合均匀，倒入酵母水，搅匀并揉成面团后，加入橄榄油，将油一点点地倒入并揉制面团。取出面团放在案板上，继续揉面。摔打面团，将面团折叠，收起略按，继续摔打面团至面筋能够延展，收成光滑的面团，发酵至两倍大。

2. 鸡腿去骨，去皮，冲净，切丁，加盐、黑胡椒碎、干白，抓匀，倒入1茶匙橄榄油拌匀，腌制30分钟。

3. 倒入生粉，抓匀。

4. 平底锅烧热，倒入能没过锅底的橄榄油，烧热后放入鸡丁，煎至两面金黄，沥油出锅，在厨房纸上吸掉多余油分。

5. 将发酵好的面团取出，比萨盘刷油，将面饼放入摊开，用叉子扎些眼儿，抹上比萨酱。

6. 撒上一半的奶酪碎，铺上鸡丁、玉米粒、洋葱丝、莳萝。

7. 再铺上剩下的奶酪碎。将饼皮边缘刷油，入预热至210℃的烤箱，中层，烤10分钟即可。

清香牛排比萨

我知道小金橘是挺好的水果，有很多功效，如化痰止咳……可若是让我生吃，还真是接受不了。但是，入菜就不一样了，我倒是挺喜欢它酸甜清新的味道，可以解肉的油腻感。另外，小金橘加冰糖隔水炖后服用，可以辅助治疗慢性支气管炎。

📄 原料

饼皮材料

高筋面粉......................70克

低筋面粉......................30克

酵母..............................2克

糖..................................6克

盐..................................2克

牛奶............................75克

橄榄油..........................适量

水..................................适量

比萨馅料

腌制牛排......................70克

小金橘............................4个

玉米粒..........................10克

豌豆粒..........................10克

橄榄油....................约2茶匙

黑椒酱........................1茶匙

比萨酱........................1汤匙

马苏里拉奶酪碎..........100克

🍴 特殊工具

8寸比萨烤盘.....................1个

🎛 制作关键

◎ 小金橘可以缓解油腻,给牛肉带来清香的味道。如果不介意小金橘本身,可以在铺料时将煎过的小金橘片一起铺在比萨饼上,介意的话就只用牛肉好了。

🍴 做法

1. 揉好面团,覆盖发酵(参见p267"比萨面团的制作")。

2. 比萨盘抹油,将发好的面团放入,摊开。

3. 面饼边缘略拢起,覆盖醒发20~30分钟。

4. 将牛排切成小粒。小金橘洗净,切片。

5. 锅烧热,倒入橄榄油,油五成热时将小金橘片放入,略煎。

6. 再倒入牛肉粒,翻炒至变色,倒入黑椒酱,翻炒均匀,盛出放凉备用。锅中烧开适量水,放入玉米粒和豌豆粒,焯煮2分钟,捞出沥水放凉备用。

7. 在面饼的边缘刷油,用叉子在饼底扎眼儿,在面饼表面抹上比萨酱。

8. 再在面饼上撒上一层奶酪碎。将炒好的牛肉粒铺上(如果有多余酱汁,一定要沥掉再铺,不要带入太多湿料),再撒上玉米粒、豌豆粒和金橘片,最后铺上剩余的奶酪碎,入预热至210℃的烤箱中层,烤10分钟即可。

红酱南瓜比萨

在路边买了老奶奶自己种的两个南瓜，回
来后不着急用，就放在阴凉处，较耐储存。
有一天做比萨，家里没什么新鲜菜，目光
扫来扫去就落在这两个南瓜上，以前从没
想过用南瓜做比萨，不敢想象那是什么味
道！成品出炉，吃过之后我就后悔了：为
什么不多买几个南瓜存着呢？

📋 原料

饼皮材料

高筋面粉............................ 140克
酵母......................................1茶匙
水...95克
糖...1茶匙
盐......................................1/2茶匙
橄榄油..................................1茶匙

比萨馅料

比萨酱..................................2汤匙
马苏里拉奶酪碎............... 100克
南瓜......................................40克
红椒....................................1/4个
培根....................................1/2片

🗄 特殊工具

石板......................................1块
油纸......................................1张

🍴 做法

1. 做好比萨面团,发酵(参见p267"比萨面团的制作")。南瓜去皮,擦成丝。红椒洗净,切成丝。培根切丝。石板放在烤箱最下层,用烤箱最高温度(230℃)预热40分钟。
2. 取出发酵好的面团,按压排气后滚圆,放在一张油纸上。
3. 将面团擀开擀圆,边缘略高,覆盖醒发20~30分钟。在面饼底部用叉子扎些小洞。

4. 均匀抹上比萨酱。
5. 再撒上一层奶酪碎。
6. 将培根丝、南瓜丝和红椒丝铺在面饼上。

7. 再撒一层奶酪碎。
8. 面饼连带油纸一起放入预热的烤箱中的石板上,烤10分钟。
9. 打开烤箱门,提起油纸看一下底部呈均匀的棕色,挪到中上层,再烤4分钟至奶酪微焦,面饼边缘上了浅棕色即可。

鲜虾培根比萨

准备工作

1. 将马苏里拉芝士从冰箱冷冻取出，放至半硬状态，用刨丝器刨成细丝，放入冰箱冷藏；

2. 鲜虾去壳取虾肉，培根、青红椒切小块，洋葱切细条，均以170℃烤5分钟至水分收干；

3. 将比萨酱材料混合均匀，盖上保鲜膜中火加热1分钟，取出拌匀，再加热1分钟即成比萨酱。

做法

 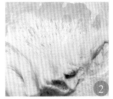 

1. 将材料A混合和成面团后（参见p267 "比萨面团的制作"），再加入黄油揉成较光滑的面团。
2. 盖上保鲜膜发酵至原来的2倍大，面团内部充满气孔。
3. 案板上撒面粉，将面团擀成比烤盘略小的圆饼，备用。

4. 比萨盘上涂一层薄薄的黄油。
5. 将擀好的面皮放入烤盘内。
6. 用手按压面皮，把面皮撑至边缘较烤盘多出一圈圆边。

7. 用餐叉在饼皮上扎出排气洞，再度发酵约20分钟。饼边缘刷全蛋液。
8. 在饼皮中间放上做好的比萨酱。
9. 再撒上2/3切成细丝的马苏里拉芝士。

10. 放上预先烤过的鲜虾、培根块、青红椒块、洋葱条，再放上甜玉米粒。
11. 烤箱于220℃预热，以上下火、220℃、中层先烤15分钟。
12. 取出，撒上剩余的芝士丝，继续烤3~5分钟，直至芝士丝化掉即可。

开口笑

这款点心属于中式传统面点，名字讨喜，味道香甜而口感酥脆，广受欢迎。

记得我十五六岁的时候，学校每月发17.5元的生活费，其中15元的饭票，2.5元的零花钱。饭票吃不完食堂可以退钱，于是我们吃饭尽量节省，每月还能退回几元钱。周末回家之前，我会和同学一起去商场，买些开口笑，蛋三刀之类的点心带回家给妹妹吃，当时这些点心每斤也就三四角钱。那时我唯一的妹妹才上小学，周末我回家的时候，她吧把我的东西尝遍，接到我后总要翻翻我的包，看看里边有啥吃的，就更高兴了

原料

面粉 180克
白糖 40克
鸡蛋液 60克
白芝麻 80克
植物油 40克
小苏打 1克
泡打粉 2克
花生油 .... 适量

做法

1. 所有材料称量准备好。
2. 将面粉、小苏打、泡打粉倒在案板上混匀，中间开窝，放入白糖、植物油、鸡蛋液（留取部分蛋清备用）。
3. 用手边拌边搓，至白糖完全化开。

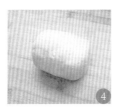

4. 再将面粉拨向中间，用叠压法轻轻和成面团。
5. 把面团搓成条，下成剂子，单个重量约为10克。
6. 把剂子逐个搓圆。

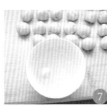

7. 在预留的蛋清中加入1/2蛋清量的水，搅匀，把小剂子沾满蛋清液。
8. 再把剂子放到白芝麻中，粘满芝麻。
9. 取出放到案板上。所有剂子逐个做好。

制作关键

◎ 和面的时候要用叠压法，不可多揉，以免面团出筋，炸时不容易炸开花，影响口感。

◎ 剂子表面先裹一层蛋清液再粘芝麻，炸的时候芝麻才不容易脱落。

◎ 开口笑生坯要在七成热的油温下锅，才能保持形状，不会散掉。

◎ 面团含糖，极易上色，所以一定要用小火炸制，这样既不会炸煳，又使得口感酥脆。

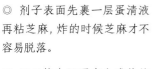

10. 将所有粘好芝麻的小球再用手搓一遍，即成开口笑生坯。
11. 锅内放入足量的油，烧至七成热，改小火，放入开口笑生坯。
12. 小火炸至表面金黄，即可出锅。

鸡蛋脆麻花

这款鸡蛋麻花既可以作为休闲的小零嘴儿，也可以作为出游的便携食品，因含水量低而不容易变质，可以保存较长时间。

📋 原料

面粉 200克
白糖 60克
鸡蛋 1个
水 25毫升
花生油 530毫升
泡打粉 1茶匙

🍴 做法

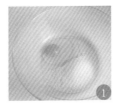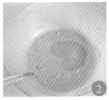

1. 先把白糖和鸡蛋放入盆中，用筷子搅匀。
2. 再放入花生油（2汤匙）和水，搅拌至白糖溶化。
3. 放入面粉和泡打粉，用筷子搅拌成雪花状。

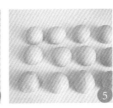

4. 再用手揉搓成均匀的面团，加盖醒15分钟。
5. 面团揉匀，搓条，切成重30克的剂子，搓圆，盖拧干的湿布再醒10分钟。
6. 取小剂子，用手搓成直径约为7毫米的长条。

7. 用双手反向搓条，把面条搓上劲。
8. 把面条对折。
9. 拧成麻花状。

🐝 制作关键

◎ 分割成剂子后再醒10分钟，等面筋松弛之后，搓条会比较容易。

◎ 搓成麻花生坯后，接头处一定要捏紧，否则炸的时候会散开，影响美观。

◎ 炸制时一定要用小火，并不断翻动，使得麻花上色均匀。

10. 锅内放入500毫升油，烧至四成热（放入筷子，能看到有小气泡出现即可）。
11. 放入麻花生坯。
12. 小火炸至麻花呈金黄色。捞出放到厨房纸巾上，吸去多余油脂，晾凉即可食用。

驴打滚

📄 原料

糯米面 250克
黄豆面 50克
红豆沙馅 150克
开水、凉水 各125克
油 .... 适量

🍴 做法

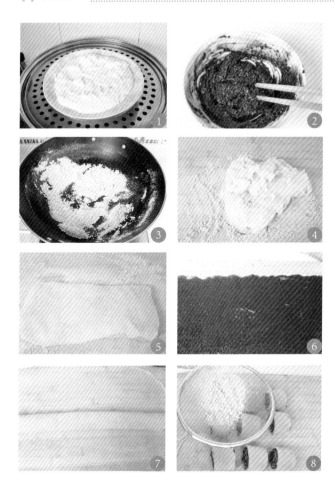

🐚 制作关键

◎ 糯米面要选择较粗的, 这样口感较好。

◎ 黄豆面要用小火来炒, 以免煳锅。

◎ 卷制的时候, 内侧的边用刀取直, 卷得紧一些, 成品会比较美观。

1. 糯米面放入盆中, 加入开水拌匀, 再加入凉水搅拌成均匀的稠糊状面团, 放入抹油的盘中, 入开水蒸锅内加盖蒸20分钟。
2. 红豆沙馅中加入少许凉开水搅拌均匀。
3. 黄豆面放入炒锅内以小火炒熟。
4. 蒸好的糯米面团放到撒了熟黄豆面的案板上。
5. 揉匀后擀开, 折叠三次。
6. 再擀成厚度约为3毫米的大片, 抹一层豆沙馅。
7. 从一侧开始卷起来, 成豆沙糯米卷。
8. 用刀把糯米卷切成长3厘米左右的段, 表面筛入熟黄豆面即可。

芝麻蛋卷

📄 **原料**

面粉 100克

糖 50克

花生油 50克

蛋液 50克

牛奶 120克

熟芝麻 ....适量

🍱 **特殊工具**

蛋卷模 1个

🍴 **做法**

1. 备好制作蛋卷所需材料。
2. 把所有原料混合均匀成可顺滑流淌的糊。
3. 蛋卷模在火上两面都预热一下。
4. 盛一大勺蛋糊，倒在煎盘的中间。
5. 合上蛋卷模上盖。
6. 小火，双面，煎至面糊呈浅棕黄色，用筷子由一端开始将其卷起，最后压住接口的底边略煎，出锅。凉透后自然脆，放入密封盒保存，可存放一周。